ATOMTHEORIE UND NATURBESCHREIBUNG

VIER AUFSÄTZE
MIT EINER EINLEITENDEN ÜBERSICHT
VON
NIELS BOHR

BERLIN
VERLAG VON JULIUS SPRINGER
1931

ALLE RECHTE VORBEHALTEN

ISBN-13: 978-3-642-64938-7 e-ISBN-13: 978-3-642-64946-2
DOI: 10.1007/978-3-642-64946-2

Reprint of the original edition 1931

Vorwort.

Als ich von verschiedenen Seiten aufgefordert wurde, die nachfolgenden, vor einigen Jahren in den „Naturwissenschaften" erschienenen Artikel gesammelt herauszugeben, hatte ich ernstliche Bedenken. Es handelt sich ja um ein Gebiet, das sich in stetiger Entwicklung befindet und in dem es heute möglich wäre, manches klarer auszudrücken. Wie in der einleitenden Übersicht zu einer als Universitäts-Jahresschrift im Herbst 1929 erschienenen dänischen Ausgabe der drei ersten Artikel, die nun in deutscher Übersetzung den ersten Abschnitt des vorliegenden kleinen Buches bildet, erwähnt wurde, hoffe ich jedoch, daß eben die schrittweise Klärung der Begriffsbildung, wie sie in den Artikeln zum Vorschein kommt, einer solchen Ausgabe Interesse verleihen könne. Der hier noch hinzugefügte vierte Artikel, der die deutsche Übersetzung eines auf der skandinavischen Naturforscherversammlung Kopenhagen 1929 gehaltenen Vortrags ist, schließt sich zeitlich unmittelbar der obenerwähnten Übersicht an und ebenso sachlich, indem er gewissermaßen als eine kurze Zusammenfassung des Inhaltes der vorhergehenden Artikel betrachtet werden kann.

Bei dieser Herausgabe habe ich deshalb nur am Schluß der einleitenden Übersicht einige als Addendum bezeichnete Bemerkungen hinzugefügt, die besonders die am Ende des vierten Artikels berührten Fragen des Verhältnisses zwischen der Entwicklung der Atomtheorie und der Problemstellung der Biologie betreffen. Ganz abgesehen von dem selbständigen Interesse, das solche Probleme auch uns den diesem Gebiete Fernstehenden darbieten, möchte ich gern betonen, daß das Eingehen auf Probleme der Biologie und Psychologie in den Artikeln vor allem darauf hinzielt, die physikalischen und erkenntnistheoretischen Probleme, denen wir in der Atomtheorie begegnet sind, in Relief zu stellen. Übrigens hoffe ich, wie auch in der Übersicht erwähnt, in einer in Vorbereitung befindlichen ausführlichen Darstellung der Prinzipien der Atomtheorie die letztgenannten Fragen eingehender zu behandeln, als es in den Artikeln ihrer Form und Entstehung nach möglich war.

Ich möchte auch gern an dieser Stelle meiner Dankbarkeit Ausdruck geben für die wertvolle Hilfe, die mir meine Freunde und damalige Mitarbeiter, die Herren O. KLEIN, H. A. KRAMERS und W. PAULI, bei der Ausarbeitung dieser Artikel geleistet haben. Auch bin ich Herrn CHR. MÖLLER, der die Übersetzung der Einleitung und des letzten Artikels freundlichst übernahm, zum Dank verpflichtet, sowie der Verlagsbuchhandlung Julius Springer für das mir bei dieser Gelegenheit erwiesene Entgegenkommen.

Kopenhagen, Juni 1931.   NIELS BOHR.

Inhaltsverzeichnis.

	Seite
Einleitende Übersicht 1929 mit Addendum 1931	1
I. Atomtheorie und Mechanik 1925	16
II. Das Quantenpostulat und die neuere Entwicklung der Atomistik 1927	34
III. Wirkungsquantum und Naturbeschreibung 1929	60
IV. Die Atomtheorie und die Prinzipien der Naturbeschreibung 1929	67

Einleitende Übersicht.

Die Aufgabe der Wissenschaft, unsere Erfahrungen zu vermehren und zu ordnen, hat verschiedenartige, unlösbar verknüpfte Seiten. Nur durch die Erfahrungen selbst erkennen wir die Gesetzmäßigkeiten, welche einen Überblick über die verschiedenen Phänomene gestatten. Mit der Erweiterung unserer Erfahrungen müssen wir daher immer darauf gefaßt sein, daß die für die Ordnung am besten geeigneten Gesichtspunkte Änderungen erleiden können. In diesem Zusammenhang müssen wir vor allem nicht vergessen, daß alle neuen Erfahrungen naturgemäß in den Rahmen eingeordnet auftreten, der von unseren gewohnten Gesichtspunkten und Anschauungsformen gebildet wird. Je nach der Art des Untersuchungsgegenstandes treten diese verschiedenen Seiten wissenschaftlicher Forschung mehr oder weniger in den Vordergrund. In der Physik, wo es sich darum handelt, die Erfahrungen der äußeren Welt zu ordnen, werden wir uns natürlich mit der Frage nach dem Wesen unserer Anschauungsformen weniger oft beschäftigen müssen als in der Psychologie, wo unsere eigene Gedankentätigkeit selbst Gegenstand der Untersuchung ist. Doch ist bisweilen gerade die „Objektivität" der physikalischen Beobachtungen besonders dazu geeignet, den „subjektiven" Charakter aller Erfahrungen scharf zu beleuchten. Die Geschichte der Naturwissenschaft kann dafür viele Beispiele aufweisen. Ich brauche nur an die große Bedeutung zu erinnern, welche die Erforschung der Schall- und Lichterscheinungen, die physikalischen Hilfsmittel unserer Sinne, für die psychologische Analyse gehabt hat, oder an die Rolle, welche die Klarlegung der Gesetzmäßigkeiten der Mechanik bei der Entwicklung der allgemeinen philosophischen Erkenntnistheorie gespielt hat. In der letzten Entwicklungsphase der Physik ist der besprochene, dem Wesen der Wissenschaft eigentümliche Zug stark in den Vordergrund getreten. Die große Erweiterung unseres Erfahrungsgebietes hat die Unzulänglichkeit unserer einfachen mechanischen Vorstellungen klar zutage gebracht und hierdurch die Grundlage unserer gewöhnlichen Deutung der Beobachtungen erschüttert, wobei alte philosophische Probleme in ein neues Licht gerückt sind. Dies bezieht sich sowohl auf die Revision der Grundlagen der Raumzeitbeschreibung, welche die Relativitätstheorie gebracht hat, als auch auf die erneute Diskussion über das Kausalitätsgesetz, welche die Entwicklung der Quantentheorie veranlaßt hat.

Der Ursprung der *Relativitätstheorie* steht in enger Beziehung zur Entwicklung der elektromagnetischen Vorstellungen, welche durch Vertiefung des Kraftbegriffes eine so durchgreifende Umgestaltung der mechanischen Grundvorstellungen mit sich brachten. Schon beim Aufbau der klassischen Mechanik spielte die Erkenntnis des relativen, vom Beobachter abhängigen Charakters der Bewegungserscheinungen eine wesentliche Rolle, indem sie als ein wirksames Hilfsmittel bei der Aufstellung der gewöhnlichen mechanischen Gesetze diente. Indessen gelang es, den erwähnten Fragen eine sowohl vom physikalischen als vom philosophischen Gesichtspunkt aus scheinbar befriedigende Behandlung zu geben, und es war erst durch die Erkenntnis der endlichen Ausbreitungsgeschwindigkeit aller Kraftwirkungen, welche die elektromagnetische Theorie brachte, daß die Sache auf die Spitze getrieben wurde. Es war zwar möglich, auf dem Boden der elektromagnetischen Theorie eine Kausalitätsbeschreibung aufzubauen mit Aufrechterhaltung der mechanischen Hauptsätze von der Erhaltung der Energie und des Impulses, indem man den Kraftfeldern selbst Energie und Impuls zuschrieb. Die für die Entwicklung der elektromagnetischen Theorie so nützliche Vorstellung eines Weltäthers erschien jedoch als ein absolutes Bezugssystem für die Raumzeitbeschreibung, deren vom philosophischen Gesichtspunkt aus unzulänglicher Charakter durch das Fehlschlagen aller Versuche die Bewegung der Erde in bezug auf diesen hypothetischen Weltäther nachzuweisen, kräftig unterstrichen wurde. In dieser Beziehung wurde die Lage durch den Nachweis nicht geändert, daß das Scheitern aller solchen Versuche in voller Übereinstimmung mit der elektromagnetischen Theorie sei. Erst EINSTEINs Klarlegung von derjenigen Begrenzung, die die endliche Ausbreitungsgeschwindigkeit aller Kraftwirkungen, die Strahlungswirkungen mit einberechnet, unseren Beobachtungsmöglichkeiten und damit dem Anwendungsgebiet der Zeit-Raumbegriffe auferlegt, leitete eine freiere Einstellung zu diesen Begriffen ein, die ihren schlagendsten Ausdruck in der Erkenntnis der Relativität des Gleichzeitigkeitsbegriffs fand. Wie bekannt, gelang es EINSTEIN, von diesem Gesichtspunkt aus bedeutungsvollen neuen Zusammenhängen auch außer dem eigentlichen Gebiete der elektromagnetischen Theorie nachzuspüren, und in seiner allgemeinen Relativitätstheorie, wo die Gravitationswirkungen nicht mehr eine Sonderstellung unter den physikalischen Erscheinungen einnehmen, der Forderung von Einheitlichkeit in der Naturbeschreibung, die das Ideal der klassischen physikalischen Theorien bildet, in ungeahntem Grade entgegenzukommen.

Der Ausgangspunkt der *Quantentheorie* ist die Entwicklung der atomistischen Vorstellungen, die im Laufe des vorigen Jahrhunderts in stets wachsendem Umfange ein fruchtbares Anwendungsgebiet für die Mechanik und die elektromagnetische Theorie geliefert hatten. Um die

Jahrhundertwende sollten jedoch diese Theorien in ihrer Anwendung auf die Atomprobleme eine bisher unbeachtete Begrenzung offenbaren, die ihren Ausdruck fand in PLANCKS Entdeckung des sog. Wirkungsquantums, das den einzelnen Atomprozessen einen den Grundprinzipien der klassischen Physik, nach denen alle Wirkungen in kontinuierlicher Weise variiert werden können, gänzlich fremdartigen Zug von Diskontinuität auferlegt. Gleichzeitig mit der immer mehr hervortretenden Unentbehrlichkeit des Wirkungsquantums für die Einordnung der Erfahrungen hinsichtlich der Eigenschaften der Atome, sind wir Schritt für Schritt gezwungen worden, in stets höherem Grade auf eine rein kausal durchgeführte Beschreibung des Verhaltens der einzelnen Atome in Raum und Zeit zu verzichten, und mit freier Wahl zwischen verschiedenen Möglichkeiten von Seiten der Natur zu rechnen, über deren Ausfall nur Wahrscheinlichkeitsbetrachtungen angestellt werden können. Die Bestrebungen, durch eine zweckmäßig begrenzte Anwendung der Begriffe der klassischen Theorien, allgemeine Gesetze für diese Möglichkeiten und Wahrscheinlichkeiten zu formulieren, führten nach einer Reihe von Entwicklungsstadien in den letzten Jahren zu der Erschaffung einer rationellen Quantenmechanik, mit deren Hilfe es möglich ist, ein sehr großes Erfahrungsgebiet zu beherrschen, und die auch in jeder Beziehung als eine Verallgemeinerung der klassischen physikalischen Theorien aufgefaßt werden kann. Auch in bezug auf den innigen Zusammenhang zwischen dem Verzicht der quantentheoretischen Beschreibung auf Kausalitätszusammenhang und ihrer Begrenzung hinsichtlich der Möglichkeit zwischen einer Erscheinung und ihrer Wahrnehmung zu unterscheiden, welche die Unteilbarkeit des Wirkungsquantums bedingt, ist allmählich volle Klarheit erreicht worden. Die Erkenntnis dieses Verhältnisses bedeutet eine wesentlich geänderte Einstellung sowohl dem Kausalitätsgesetz als dem Beobachtungsbegriff gegenüber.

Trotz aller Unterschiede legen die Probleme, die wir in der Relativitätstheorie und der Quantentheorie treffen, eine tiefe innere Ähnlichkeit an der Tag. In beiden Fällen handelt es sich um die Erkenntnis von physikalischen Gesetzmäßigkeiten, die außerhalb unseres gewöhnlichen Erfahrungsgebiets fallen, und die unseren gewohnten Anschauungsformen Schwierigkeiten bereiten. Wir werden darüber belehrt, daß die Anschauungsformen *Idealisationen* sind, deren Zweckmäßigkeit bei der Einordnung der gewöhnlichen Sinneswahrnehmungen auf der praktisch genommen zeitlosen Ausbreitung des Lichts und der Kleinheit des Wirkungsquantums beruht. Bei der Beurteilung dieser Verhältnisse darf jedoch nicht vergessen werden, daß wir trotz ihrer Begrenzung keineswegs die Anschauungsformen entbehren können, mit deren Hilfe letzten Endes alle Erfahrungen ausgedrückt werden, und die die ganze Sprache färben. Es ist gerade diese Sachlage, die in erster

Linie das allgemeine philosophische Interesse der besprochenen Probleme bedingt. Während die Abrundung unseres Weltbildes, die die Relativitätstheorie gebracht hat, schon in das wissenschaftliche Gemeinbewußtsein übergegangen ist, ist dieses doch kaum in demselben Grad der Fall mit den von der Quantentheorie erläuterten Seiten des allgemeinen Erkenntnisproblems.

Als mir übertragen wurde, eine Abhandlung für die Jahres-Festschrift 1929 der Universität Kopenhagen zu verfassen, war es meine Absicht, von den neuen Gesichtspunkten, die die Quantentheorie gebracht hat, Rechenschaft abzulegen durch eine möglichst leicht zugängliche Darstellung, auf Grund einer Analyse der elementaren Begriffe, auf denen die Naturbeschreibung sich aufbaut. In Anspruch genommen durch andere Pflichten habe ich jedoch nicht hinreichend Zeit für die Vollendung einer solchen Darstellung gefunden, deren Schwierigkeit nicht am wenigsten in der fortwährenden Entwicklung der besprochenen Gesichtspunkte begründet ist. Die Empfindung dieser Schwierigkeit führte mich indessen auf den Gedanken, anstatt einer neuen Darstellung eine für diese Gelegenheit besorgte Übersetzung ins Dänische von einigen Artikeln zu benutzen, die ich im Laufe der letzten Jahre in ausländischen Zeitschriften als Beiträge zu der Diskussion der Probleme der Quantentheorie veröffentlicht habe. Die betreffenden Artikel sind Glieder einer Reihe von Vorträgen und Abhandlungen, wodurch ich von Zeit zu Zeit versucht habe, eine resumierende Übersicht über die augenblickliche Lage der Atomtheorie zu geben. Einige früher im Dänischen publizierte Artikel in dieser Reihe bilden in gewissen Beziehungen den Hintergrund für die drei Artikel, die hier im folgenden wiedergegeben werden. Dieses gilt besonders einem Vortrag mit dem Titel: ,,Der Bau der Atome", der in Stockholm im Dezember 1922 gehalten wurde und (auch in deutscher Sprache, Verlag Julius Springer, Berlin) als besondere Broschüre erschienen ist. Die hier wiedergegebenen Artikel treten jedoch ihrer Form nach als durchaus selbständig hervor und sind miteinander innig verknüpft, indem sie die späteste Phase der Entwicklung der Atomtheorie behandeln, wo die Analyse der Grundbegriffe so stark in den Vordergrund getreten ist. Der Umstand, daß die Artikel dem Verlauf der Entwicklung folgen und dadurch einen unmittelbaren Eindruck von der allmählichen Abklärung der Begriffe geben, dürfte vielleicht dazu beitragen, den Gegenstand für diejenigen Leser leichter zugänglich zu machen, die nicht dem engeren Kreis der Physiker angehören. In dem folgenden Bericht über die näheren Umstände bei dem Erscheinen der Artikel habe ich mich ferner bemüht, durch einige orientierende Bemerkungen die Übersicht über deren Inhalt zu erleichtern und soweit wie möglich den Mängeln der Darstellung, was Schwierigkeiten für einen größeren Leserkreis betrifft, abzuhelfen.

Der *erste Artikel* bringt die Ausarbeitung eines Vortrages, der auf dem skandinavischen Mathematikerkongreß in Kopenhagen, August 1925, gehalten wurde. Er gibt in gedrängter Form eine Übersicht über die Entwicklung der Quantentheorie bis zu dem genannten Zeitpunkt, wo ein neues Stadium durch die am Schluß des Artikels näher besprochene Abhandlung von HEISENBERG eingeleitet wurde. Der Vortrag zielt besonders auf die Anwendung der mechanischen Begriffe innerhalb der Atomtheorie und zeigt, wie das neue Entwicklungsstadium, das durch die Schaffung von rationellen quantenmechanischen Methoden gekennzeichnet wird, vorbereitet war durch die Ordnung eines großen Erfahrungsmaterials mit Hilfe der Quantentheorie. Vor allem hatte diese vorausgehende Entwicklung zur Erkenntnis der Undurchführbarkeit einer zusammenhängenden Kausalitätsbeschreibung der Atomerscheinungen geführt. Ein bewußter Verzicht in dieser Beziehung kommt schon zum Ausdruck in der vom Gesichtspunkt der klassischen Theorien aus irrationellen Form der im Artikel erwähnten Postulate, die den Ausgangspunkt des Verfassers für die Anwendung der Quantentheorie auf das Problem des Atombaues bildeten. Der Umstand, daß alle Zustandsänderungen eines Atoms in Übereinstimmung mit der Forderung der Unteilbarkeit des Wirkungsquantums als *individuelle* Prozesse beschrieben werden, wobei das Atom von einem sog. stationären Zustand in einen anderen übergeht, und über deren Vorkommen nur Wahrscheinlichkeitsbetrachtungen angestellt werden können, mußte auf der einen Seite das Anwendungsgebiet der klassischen Theorien stark beschränken. Auf der anderen Seite gab die Notwendigkeit, dessenungeachtet ausgedehnten Gebrauch von den klassischen Begriffen zu machen, auf denen letzten Endes die Deutung aller Erfahrungen beruht, zur Aufstellung des sog. Korrespondenzprinzips Anlaß, das den Bestrebungen Ausdruck gibt, alle klassischen Begriffe in sinngemäßer quantentheoretischer Umdeutung zu benutzen. Die genauere Analyse des Erfahrungsmaterials von diesem Standpunkt aus sollte jedoch immer deutlicher zeigen, daß man für die Durchführung einer streng korrespondenzmäßigen Beschreibung noch nicht hinreichend geeignete Hilfsmittel besaß.

Infolge der besonderen Gelegenheit, bei welcher der Vortrag gehalten wurde, ist in dem Artikel besonders auf die Benutzung mathematischer Hilfsmittel, die der theoretischen Physik eigentümlich ist, Gewicht gelegt worden. Die symbolischen Ausdrucksformen der Mathematik sind hier nicht allein ein unentbehrliches Werkzeug für die Beschreibung des quantitativen Zusammenhangs, sondern zugleich ein Hauptmittel für die Klärung der allgemeinen qualitativen Gesichtspunkte. Die am Schluß des Artikels ausgesprochene Hoffnung, daß die mathematische Analyse sich auch diesmal fähig zeigen werde, die Physiker über die Schwierigkeiten hinwegzubringen, sind inzwischen über jede Erwartung erfüllt worden. Nicht allein sollte, wie im Artikel erwähnt, die abstrakte Algebra eine entscheidende Rolle bei der Ausformung der HEISENBERGschen Quantenmechanik spielen, sondern in der nächstfolgenden Zeit sollte auch das bedeutendste Hilfsmittel der klassischen Physik, die Theorie der Differentialgleichungen, eine ausgedehnte Anwendung auf die Atomprobleme finden. Der Ausgangspunkt war hierbei die eigentümliche Analogie zwischen Mechanik und Optik, worauf HAMILTONS bedeutungsvoller Beitrag zu der Entwicklung der klassisch-mechanischen Methoden beruht. Die Bedeutung dieser Analogie für die Quantentheorie wurde zuerst von DE BROGLIE hervorgehoben, der im Anschluß an EINSTEINS bekannte Lichtquantentheorie schon eine Partikelbewegung mit der Ausbreitung von Wellensystemen verglichen hatte. Wie DE BROGLIE betonte, gab dieser Vergleich die Möglichkeit einer einfachen geometrischen Deutung der in dem Artikel erwähnten Quantisierungsregeln für die stationären Zustände der Atome. Bei einer weiteren Verfolgung dieser Betrachtungen gelang es SCHRÖDINGER, das quantenmechanische Problem auf eine gewisse Differentialgleichung, die sog. Wellengleichung, zurückzuführen, und uns dadurch ein Hilfsmittel zu schenken, das für die große Entwicklung der Atomtheorie in den letzten Jahren entscheidende Bedeutung gehabt hat.

Der *zweite Artikel* gibt in ausgearbeiteter Form einen Vortrag wieder, der auf einem internationalen Physikerkongreß anläßlich des 100. Jahrestages von VOLTAS Tod in Como im September 1927 gehalten wurde. Zu dieser Zeit hatten die oben erwähnten quantentheoretischen Methoden eine große Vollkommenheit erreicht und ihre Fruchtbarkeit bei einer großen Zahl von Anwendungen bewiesen. Dagegen war eine Meinungsverschiedenheit hinsichtlich der physikalischen Deutung der Methoden entstanden, die zu vieler Diskussion Anlaß gab. Besonders hatte der Erfolg, den die SCHRÖDINGERsche Wellenmechanik aufweisen konnte, bei vielen Physikern die Hoffnung wiedererweckt, die Atomerscheinungen nach ähnlichen Richtlinien wie die der klassischen physikalischen Theorien beschreiben zu können, ohne Einführung von „Irrationalitäten" von der Art, wie sie bisher die Anwendung der Quantentheorie gekennzeichnet hatten. Im Gegensatz hierzu wird in dem Artikel behauptet, daß gerade das Grundpostulat der Unteilbarkeit des Wirkungsquantums vom klassischen Standpunkt aus ein irrationales Element darstellt, das unvermeidlich einen Verzicht fordert hinsichtlich der Kausalitätsbeschreibung in Raum und Zeit und infolge der Zusammenkettung zwischen Erscheinung und Beobachtung uns auf eine Beschreibungsweise hinweist, die in dem Sinne als *komplementär* bezeichnet wird, daß jede gegebene Anwendung von klassischen Begriffen den gleichzeitigen Gebrauch von anderen klassischen Begriffen ausschließt, die in anderem Zusammenhange gleich notwendig für die Beleuchtung der Erscheinungen sind. Es wird gezeigt, wie dieser Zug uns gleich bei der Frage nach dem Wesen des Lichts und der Materie begegnet. Im ersten Artikel war es schon hervorgehoben worden, daß wir bei der Beschreibung der Strahlungserscheinungen vor einem Dilemma stehen bei der Wahl zwischen der Wellenbeschreibung der elektromagnetischen Theorie und der korpuskularen Auffassung der Lichtausbreitung in der Lichtquantentheorie. Was die Materie betrifft, stellt uns die Bestätigung, die DE BROGLIES Wellenvorstellung inzwischen durch die bekannten Versuche über Reflexion von Elektronen an Metallkrystallen gefunden hatte, vor ein ganz entsprechendes Dilemma, indem es unmöglich ist, die Vorstellung der Individualität der elektrischen Elementarpartikel aufzugeben, die ihrerseits die sichere Grundlage bildet, auf der die neuere Entwicklung der ganzen Atomtheorie beruht.

Es ist der Hauptzweck des Artikels, zu zeigen, daß der erwähnte Zug von Komplementarität für die widerspruchsfreie Deutung der quantentheoretischen Methoden entscheidend ist. Ein sehr bedeutungsvoller Beitrag zu dieser Diskussion war kurz vorher von HEISENBERG gegeben worden, der den nahen Zusammenhang aufgezeigt hatte zwischen der begrenzten Anwendungsmöglichkeit der mechanischen Begriffe und dem Umstande, daß eine jede Messung, die auf eine Verfolgung der Bewegungen der einzelnen Individuen zielt, wegen des unvermeidlichen Eingriffs in den Verlauf der Erscheinungen, ein Element von Unsicherheit enthält, das durch die Größe des Wirkungsquantums bestimmt wird. Die Unsicherheit, um die es sich hier handelt, weist eben einen eigentümlichen komplementären Charakter auf, der die gleichzeitige Benutzung der Raum-Zeitbegriffe und der Erhaltungssätze für Energie und Impuls, welche die mechanische kausale Beschreibungsweise kennzeichnet, verhindert. Für das Verständnis der Undurchführbarkeit der kausalen Beschreibungsweise ist es jedoch, wie in dem Artikel gezeigt wird, wesentlich, sich daran zu erinnern, daß der Umfang des Eingriffs, den eine Messung mit sich bringt, immer unbekannt ist, indem die betreffende Begrenzung jede Anwendung von mechanischen Begriffen trifft, und deswegen ebensowohl den Beobachtungsmitteln wie den Erscheinungen, die Gegenstand der Untersuchung sind, gilt. Gerade dieser Umstand bewirkt, daß jede Beobachtung auf Kosten des Zusammenhangs zwischen dem vorausgehenden und dem zukünftigen Verlauf der Erscheinungen geschieht. *Überhaupt verhindert, wie oben erwähnt, die endliche Größe des Wirkungsquantums die scharfe Unterscheidung zwischen Erscheinung und Beobachtungsmittel, die die Voraussetzung des gewöhnlichen Beobachtungsbegriffs und dadurch der klassischen Bewegungsvorstellungen bildet.* Mit diesen Verhältnissen vor Augen kann es nicht wundernehmen, daß der physikalische Inhalt der quantenmechanischen Methoden sich darauf beschränkt, eine Formulierung zu geben von statistischen Gesetzmäßigkeiten bezüglich des Zusammenhangs zwischen den Meßresultaten, die die verschiedenen möglichen Verläufe der Erscheinungen charakterisieren.

Es wird in dem Artikel hervorgehoben, wie die symbolische Einkleidung, die den besprochenen Methoden eigentümlich ist, dem prinzipiell unanschaulichen Charakter der betreffenden Probleme genau entspricht. Ein besonders charakteristisches Beispiel der Begrenzung der Anwendbarkeit der mechanischen Vorstellungen, um die es sich hier handelt, treffen wir bei der Benutzung des Begriffs der stationären Zustände, der, wie erwähnt, schon vor der Ausbildung der quantenmechanischen Methoden als ein wesentliches Element in der Anwendung der Quantentheorie auf das Problem des Atombaus einging. Wie im Artikel nachgewiesen wird, schließt die Anwendung dieses Begriffs eine Verfolgung der Bewegungen der einzelnen Partikeln im Atome aus. Wir haben es hier mit einem charakteristischen Komplementaritätsverhältnis zu tun, das demjenigen analog ist, dem wir bei der Frage nach dem Wesen des Lichts und der Materie begegnen. Wie im Artikel erwähnt, dürften die stationären Zustände innerhalb des Anwendungsgebiets dieses Begriffes eine ebenso große oder, wenn man will, ebenso geringe „Realität" wie die Elementarteilchen selbst besitzen. In beiden Fällen handelt es sich um Hilfsmittel, die in widerspruchsloser Weise erlauben, wesentlichen Seiten der Erscheinungen Ausdruck zu geben. Bei dem Gebrauche des Begriffs der stationären Zustände werden wir übrigens in lehrreicher Weise der Notwendigkeit gegenübergestellt, in der Quantentheorie auf die Abgrenzung der Erscheinungen aufmerksam zu sein, und, wie schon im ersten Paragraphen des Artikels betont wird, streng zwischen geschlossenen und nicht geschlossenen Systemen zu unterscheiden. Was die Atome betrifft, führt dies mit sich, daß wir bei der Verfolgung der Strahlungsprozesse einem besonders schroffen Versagen der Kausalitätsbeschreibung gegenübergestellt werden. Während wir bei der Verfolgung der Bewegungen der freien Partikel den Mangel an Kausalitätszusammenhang veranschaulichen können durch einen Hinweis auf unseren Mangel an gleichzeitiger Kenntnis von den Größen, die in die klassische mechanische Beschreibung eingehen, so kommt in der Darstellung des Verhaltens der Atome die begrenzte Anwendbarkeit der klassischen Begriffe schon darin unmittelbar zum Vorschein, daß die Beschreibung des Zustandes des einzelnen Atoms gar kein Element enthält, das einen Hinweis auf das Vorkommen der spontanen Übergangsprozesse in sich birgt, so daß wir hier kaum vermeiden können, von einer Wahl zwischen verschiedenen Möglichkeiten von seiten des Atoms zu reden.

Im Zusammenhang mit der Frage nach den Grundeigenschaften der Elementarteilchen kann es vielleicht ein Interesse haben, auf ein eigentümliches Komplementaritätsverhältnis aufmerksam zu machen, das neulich an den Tag getreten ist. Der Umstand, daß die Erfahrungen, die bis jetzt dadurch erklärt worden sind, daß den Elektronen ein magnetisches Moment zugeschrieben wurde, eine ungezwungene Deutung in der im letzten Paragraphen kurz erwähnten Theorie von DIRAC finden, ist nämlich damit gleichbedeutend, daß es nicht möglich ist, durch Versuche, die auf einer direkten Verfolgung der Bewegungen des Elektrons basiert sind, dessen magnetisches Moment nachzuweisen. Der Unterschied zwischen freien Elektronen und Atomen, den wir hier antreffen, hängt damit zusammen, daß die Messung der magnetischen Momente der Atome in Übereinstimmung mit den allgemeinen Verhältnissen vor sich geht, die für die Anwendung des Begriffs der stationären Zustände gelten, eben unter Verzicht auf eine Verfolgung der Bewegungen der Elementarteilchen.

Die am Schluß des Artikels berührte wichtige Aufgabe, die sich auf die durchgehende Erfüllung der Relativitätsforderung innerhalb des Rahmens der Quantentheorie bezieht, hat noch keine vollständig befriedigende Lösung gefunden. Die eben erwähnte Theorie von DIRAC, die einen so großen Fortschritt in dieser Hinsicht bedeutete, hat nämlich Schwierigkeiten aufgedeckt, deren Kenntnis jedoch gleichzeitig neue Aussichten hinsichtlich der tiefliegenden Probleme öffnen dürfte, die durch das Vorhandensein von Elementarteilchen gestellt werden. Während die bisherige quantenmechanische Beschreibung auf einer korrespondenzmäßigen Umdeutung der klassischen Elektronentheorie ruht, lassen die klassischen Theorien uns bei der Frage der Deutung von solchen Grundeigenschaften der Elementarteilchen wie ihre Masse und elektrische Ladung in noch höherem Grade im Stiche. Wir müssen deswegen darauf gefaßt sein, daß ein weiteres Vordringen auf diesem Gebiet einen noch weitergehenden Verzicht auf die gewohnten Forderungen nach einer Zeit-Raumbeschreibung verlangen als der bisherige quantentheoretische Angriff auf das Atomproblem, und uns neue Überraschungen bereiten kann hinsichtlich der Begrenzung der Begriffe des Impulses und der Energie.

Die ausgedehnte Anwendung von mathematischen Symbolen, die den quantenmechanischen Methoden eigen ist, macht es schwierig, den rechten Eindruck von der Schönheit und dem inneren Zusammenhang dieser Methoden zu geben, ohne auf Einzelheiten mathematischer Art einzugehen. Wenn ich auch in der Darstellung dieses Artikels mich bestrebt habe, soweit wie möglich den Gebrauch von mathematischen Hilfsmitteln zu vermeiden, so hat doch die Absicht des Vortrags, in einem Kreis von Physikern eine Diskussion über die Richtungslinien der Entwicklung zu eröffnen, es notwendig gemacht, auf Einzelheiten einzugehen, die zweifellos den Lesern Schwierigkeiten bereiten werden, die nicht im voraus mit dem Gegenstand vertraut sind. Dabei möchte ich jedoch gern betonen, daß das Hauptgewicht der Darstellung überall auf die rein erkenntnistheoretische Einstellung gelegt ist, was besonders im ersten Paragraphen und in den Schlußbemerkungen hervortritt.

Im *dritten Artikel*, der ein Beitrag für eine von der Zeitschrift „Die Naturwissenschaften" anläßlich PLANCKS 50-jährigem Doktorjubiläum im Juni 1929 herausgegebene Festschrift ist, bin ich ausführlicher auf die allgemeine philosophische Seite der Quantentheorie eingegangen. Nicht am wenigsten im Hinblick auf das Bedauern, das in weiten Kreisen zu Worte gekommen ist dem Verzicht einer strengen Kausalitätsbeschreibung der Atomerscheinungen gegenüber, sucht der Verfasser zu zeigen, daß die Schwierigkeiten für unsere Anschauungsformen, die wir wegen der Unteilbarkeit des Wirkungsquantums in der Atomtheorie treffen, als eine lehrreiche Erinnerung an die allgemeinen Bedingungen der menschlichen Begriffsbildungen betrachtet werden dürfen. Die Unmöglichkeit, in gewohnter Weise zwischen den physikalischen Erscheinungen und deren Beobachtung zu unterscheiden, stellt uns in Wirklichkeit vor eine ganz ähnliche Lage wie die, die wir von der Psychologie kennen, wo wir stets an die *Schwierigkeit der Unterscheidung zwischen Subjekt und Objekt* erinnert werden. Es könnte vielleicht auf den ersten Blick aussehen, als ob eine solche Einstellung der Physik gegenüber einer Mystik Platz gäbe, die dem Geiste der Naturwissenschaft widerspricht. Klarheit auf dem besprochenen Gebiet dürfte jedoch ebensowenig wie bei anderen menschlichen Fragestellungen zu erreichen sein ohne den Schwierigkeiten, die sich bei der Begriffsbildung und der Anwendung der Ausdrucksmittel darbieten, ins Auge zu sehen. Nach der Auffassung des Verfassers würde es also ein Mißverständnis sein, wenn man meinen würde, die Schwierigkeiten auf dem Gebiete der Atomtheorie könnten dadurch vermieden werden, daß die Begriffe der klassischen Physik durch eventuelle neue Begriffsbildungen ersetzt würden. Wie schon hervorgehoben, bedeutet ja die Erkenntnis der Begrenzung unserer Anschauungsformen in keiner Weise, daß wir bei der Einordnung der Sinnesempfindungen die gewohnten Vorstellungen oder deren unmittelbaren Ausdruck in der Sprache entbehren können. Ebensowenig dürften die Grundbegriffe, die die klassischen physikalischen Theorien uns geschenkt haben, jemals für die Beschreibung der physikalischen Erfahrungen überflüssig werden. Nicht allein beruhte die Erkenntnis der Unteilbarkeit des Wirkungsquantums und die Bestimmung seiner Größe auf einer auf klassischen Begriffen basierten Analyse von Messungen, sondern es ist gerade die Anwendung dieser Begriffe, die die Verbindung zwischen der quantentheoretischen Symbolik und dem Inhalt der Erfahrungen ermöglicht. Gleichzeitig müssen wir indessen bedenken, daß die Möglichkeit des *eindeutigen* Gebrauchs dieser Grundbegriffe allein auf dem inneren Zusammenhang der klassischen Theorien, von denen sie übernommen sind, beruht, und daß deswegen die Grenzen für die Anwendung dieser Begriffe von dem Umfang bedingt sind, in welchem wir bei der Darstellung der Erscheinungen von dem Wirkungsquantum absehen können, das ein den klassischen Theorien fremdes Element symbolisiert.

Es ist gerade diese Sachlage, die uns durch das oft berührte Dilemma hinsichtlich der Eigenschaften des Lichts und der Materie vor Augen gehalten wird. Nur in direkter Anknüpfung an die klassische elektromagnetische Theorie kann davon die Rede sein, der Frage nach dem Wesen des Lichts und der Materie einen greifbaren Inhalt zu geben. Wohl sind Lichtquanten und Materiewellen unschätzbare Hilfsmittel bei der Formulierung von statistischen Gesetzmäßigkeiten, die solche Erscheinungen wie die photoelektrischen Wirkungen und die Interferenz der Elektronenstrahlen beherrschen. Aber bei diesen Erscheinungen befinden wir uns ja gerade auf einem Gebiet, wo eine Berücksichtigung des Wirkungsquantums unvermeidlich ist, und wo eine eindeutige Beschreibung undurchführbar ist. Der in diesem Sinne symbolische Charakter der erwähnten Hilfsmittel tritt auch darin hervor, daß eine erschöpfende Beschreibung der elektromagnetischen Wellenfelder keinen Platz für Lichtquanten übrig läßt, sowie darin, daß bei der Benutzung der Vorstellungen von Materiewellen nie von einer ähnlich vollständigen Beschreibung, wie bei den klassischen Theorien, die Rede ist. Wie in dem zweiten Artikel betont, kommt ja der absolute Wert der sog. Phase der Wellen nie bei der Deutung der Erfahrungen in Betracht. In dieser Verbindung muß auch betont werden, daß die Bezeichnung „Wahrscheinlichkeitsamplituden" für die Amplitudenfunktionen der Materiewellen einer oft bequemen Ausdrucksweise angehört, die jedoch nicht auf allgemeine Gültigkeit Anspruch erheben kann. Wie erwähnt, ist es nur mit Hilfe der klassischen Vorstellungen möglich, den Beobachtungsresultaten einen eindeutigen Inhalt zuzuschreiben; und bei Wahrscheinlichkeitsbetrachtungen wird es sich deswegen immer um den Ausfall von Versuchen handeln, die mit Hilfe solcher Vorstellungen gedeutet werden können. Infolgedessen wird der Gebrauch, der von den symbolischen Hilfsmitteln gemacht wird, in jedem einzelnen Falle von den näheren Umständen hinsichtlich der Einrichtung der Versuche abhängen. Das, was der quantentheoretischen Beschreibung ihr charakteristisches Gepräge gibt, ist nun gerade, daß wir, um das Wirkungsquantum zu vermeiden, verschiedene Versuchseinrichtungen benutzen müssen, um genaue Messungen von den verschiedenen Größen zu bekommen, deren gleichzeitige Kenntnis für eine vollständige, auf den klassischen Theorien basierte Beschreibung gefordert werden würde, sowie daß diese Messungsresultate nicht durch wiederholte Messungen ergänzt werden können. Die Unteilbarkeit des Wirkungsquantums fordert nämlich, daß bei der Deutung jedes einzelnen Messungsresultats im Anschluß an die klassischen Vorstellungen ein

Spielraum in unserer Rechenschaft der Wechselwirkung zwischen Gegenstand und Meßmitteln erlaubt wird, was mit sich führt, daß eine nachfolgende Messung in einem gewissen Umfange die Kenntnis, die wir einer vorausgegangenen Messung verdanken, ihrer Bedeutung für Vorhersagungen des zukünftigen Verlaufs der Erscheinungen beraubt. Offenbar setzt diese Tatsache eine Grenze nicht allein für den *Umfang* der Auskunft, die uns durch Messungen gegeben werden kann, sondern auch für den *Sinn*, den wir einer solchen Auskunft beilegen können. Wir treffen hier in neuer Beleuchtung die alte Erkenntnis, daß bei der Naturbeschreibung es sich nicht darum handelt, das eigentliche Wesen der Erscheinungen zu enthüllen, sondern nur darum, Zusammenhängen in der Mannigfaltigkeit unserer Erfahrungen im größtmöglichen Umfang nachzuspüren.

Auf diesem Hintergrunde müssen die Schwierigkeiten beurteilt werden, auf die wir stoßen, wenn wir versuchen wollen, einen richtigen Eindruck von dem Inhalt der Quantentheorie und ihrem Verhältnis zu den klassischen Theorien zu geben. Wie schon bei der Besprechung des zweiten Artikels hervorgehoben, erhalten diese Fragen erst ihre volle Klärung durch die mathematische Symbolik, die ermöglicht hat, die Quantentheorie als eine strenge, korrespondenzmäßige Umdeutung der klassischen Theorien zu formulieren. Mit Hinblick auf die reziproke Symmetrie, die dem Gebrauch der klassischen Begriffe in dieser Symbolik eigen ist, hat der Verfasser in diesem Artikel die Bezeichnung Reziprozität für das im vorhergehenden Artikel mit dem Wort Komplementarität gekennzeichnete, der Quantentheorie eigentümliche, gegenseitige Ausschließungsverhältnis hinsichtlich der Anwendung von verschiedenen klassischen Begriffen und Vorstellungen, bevorzugt. Durch spätere Diskussionen bin ich indessen darauf aufmerksam geworden, daß die ersterwähnte Bezeichnung irreführend wirken kann, weil das Wort Reziprozität in den klassischen Theorien oft in einem ganz anderen Sinne gebraucht wird. Die Bezeichnung Komplementarität, die schon angefangen hat sich einzubürgern, dürfte auch besser geeignet sein, um daran zu erinnern, daß es die Zusammengehörigkeit der in der klassischen Beschreibungsweise vereinten, aber in der Quantentheorie getrennt auftretenden Züge ist, die im tiefsten Sinne diese als eine natürliche Verallgemeinerung der klassischen physikalischen Theorien hervortreten läßt. Übrigens ist die Absicht mit einem solchen Kunstworte, im weitest möglichen Umfange eine Wiederholung des allgemeinen Arguments zu vermeiden, sowie auch beständig an die Schwierigkeiten zu erinnern, die, wie schon erwähnt, davon herrühren, daß alle gewöhnlichen Worte der Sprache von unseren gewohnten Anschauungsformen geprägt sind, von deren Standpunkt aus die Existenz eines Wirkungsquantums eine Irrationalität ist. Infolge dieser Situation verlieren ja selbst Wörter wie *sein* und *wissen* ihren eindeutigen Sinn. Ein interessantes Beispiel für die Zweideutigkeit unseres Sprachgebrauchs in der besprochenen Verbindung ist die Redensart, nach welcher das Versagen der Kausalitätsbeschreibung dadurch ausgedrückt wird, daß man von freier Wahl von seiten der Natur redet. Eigentlich fordert ja eine solche Redensart eine Vorstellung von einem außenstehenden Wähler, was doch schon durch den Gebrauch des Wortes Natur verneint wird. Wir werden hier vor einen Grundzug in dem allgemeinen Erkenntnisproblem gestellt, und wir müssen uns klarmachen, daß wir dem Wesen der Sache nach letzten Endes immer darauf angewiesen sind, uns durch ein Gemälde von Worten, die in unanalysierter Weise gebraucht werden, auszudrücken. Wie im Artikel betont wird, müssen wir uns ja auf allen Erkenntnisgebieten erinnern, daß das Wesen unseres Bewußtseins ein Komplementaritätsverhältnis zwischen der Analyse jeden Begriffs und dessen unmittelbarer Anwendung bedingt.

Der Hinweis auf gewisse psychologische Probleme im späteren Teil des Artikels hat einen doppelten Zweck. Die Analogien mit gewissen Grundzügen in der Quantentheorie, die die Gesetzmäßigkeiten des psychischen Gebietes aufweisen, dürften es uns nicht allein leichter machen, uns in der neuen Situation der Physik zurechtzufinden, sondern es wird vielleicht nicht zu kühn sein zu hoffen, daß die Belehrung, die wir hinsichtlich der so viel einfacheren physikalischen Probleme gewonnen haben, sich auch behilflich zeigen wird für die Bestrebungen, einen Überblick über die tieferliegenden psychologischen Fragen zu gewinnen. Wie im Artikel hervorgehoben, ist es dem Verfasser klar, daß es sich vorläufig nur um mehr oder weniger treffende Analogien handeln kann. Doch könnte hinter diesen nicht allein eine Verwandtschaft hinsichtlich der erkenntnis-theoretischen Seite der Sache liegen, sondern ein tieferer Zusammenhang dürfte hinter den biologischen Grundproblemen, die eine direkte Verbindung nach beiden Seiten haben, versteckt liegen. Ohne daß schon gesagt werden kann, daß die Quantentheorie in wesentlicher Weise zur Beleuchtung der letzterwähnten Probleme beigetragen hat, deutet doch vieles darauf hin, daß wir hier Fragen begegnen, die dem Vorstellungskreis der Quantentheorie nahestehen. Das Charakteristische bei den lebendigen Organismen ist ja eben die ausgeprägte Selbständigkeit der Individuen der Umwelt gegenüber und ihre große Fähigkeit, auf Reize zu reagieren. Dabei ist es auffallend, daß diese Fähigkeit wenigstens was den Gesichtssinn betrifft, bis zur letzten Grenze, die die Physik erlaubt, entwickelt ist, indem, wie oft bemerkt worden, schon wenige Lichtquanten hinreichend sind, um Gesichtsempfindungen hervorzubringen. Doch ist es selbstverständlich eine ganz offene Frage, inwiefern die gewonnene Kenntnis der Gesetzmäßigkeiten der Atomerscheinungen uns hinreichende Grundlage bieten wird, das Problem der lebendigen Organismen anzugreifen, oder ob sich hinter dem Rätsel des Lebens noch unbeachtete Seiten des Erkenntnisproblems verstecken.

Was auch die Entwicklung auf diesen Gebieten bringen wird, so haben wir doch, wie am Schluß des Artikels betont wird, nur Grund uns darüber zu freuen, daß wir innerhalb des relativ objektiven Gebiets der Physik, wo die Gefühlsmomente in so hohem Grade in den Hintergrund treten, Probleme angetroffen haben, die geeignet sind, uns aufs neue an allgemeine Bedingungen der menschlichen Erkenntnis zu erinnern, die seit den ältesten Zeiten die Aufmerksamkeit der Denker auf sich gezogen haben.

Addendum.

Wie im Vorwort erwähnt, schließt sich der *vierte Artikel*, der eine Ausarbeitung eines auf der skandinavischen Naturforscherversammlung 1929 gehaltenen Vortrages ist, den drei anderen Artikeln eng an, indem darin versucht wurde, auf demselben Hintergrund einen Überblick über die Stellung der Atomtheorie in der Naturbeschreibung zu geben. Was mir dabei besonders am Herzen lag, war zu betonen, daß, bei allem Erfolg der auf der Anwendung von klassischen Begriffen beruhenden Entdeckung der Bausteine der Atome, die Entwicklung der Atomtheorie uns doch besonders die Erkenntnis von Gesetzmäßigkeiten gebracht hat, die in den Rahmen der gewohnten Anschauungsformen nicht gefaßt werden können. Eben diese Belehrung, die wir der Entdeckung des Wirkungsquantums verdanken, öffnet, wie schon oben angedeutet, neue Ausblicke, die besonders bei der Diskussion der Stellung der *lebenden Organismen* in unserem Weltbild entscheidend sein dürften.

Wenn wir dem üblichen Sprachgebrauch gemäß eine Maschine als tot bezeichnen, so bedeutet dies kaum etwas anderes, als daß wir eine für unsere Zwecke ausreichende Beschreibung ihres Funktionierens mit Hilfe der Begriffsbildungen der klassischen Mechanik geben können. Bei dem auf der jetzigen Entwicklungsstufe der Atomtheorie klargelegten Versagen der klassischen Begriffe paßt zwar dieses Merkmal des Leblosen nicht mehr auf die atomaren Erscheinungen. Dennoch dürfte auch die Quantenmechanik noch nicht genügend von der unseren Anschauungsformen angepaßten Beschreibungsweise der klassischen Physik entfernt sein, um die charakteristischen Gesetzmäßigkeiten des Lebens bewältigen zu können. In dieser Verbindung muß aber bedacht werden, daß die Erforschung der Lebenserscheinungen uns nicht nur, wie im Artikel betont, in dasjenige Gebiet der Atomtheorie einführt, wo die übliche Idealisation der scharfen Trennung zwischen Phänomen und Beobachtung versagt, sondern daß der Analyse dieser Erscheinungen mittels physikalischer Begriffe überdies eine prinzipielle Grenze gesetzt ist durch das Absterben des Organismus bei dem Eingriff, welchen eine vom atomtheoretischen Gesichtspunkt möglichst vollständige Beobachtung erfordert. Mit anderen Worten: *die strenge Anwendung derjenigen Begriffsbildungen, welche die Beschreibung der leblosen Natur angepaßt sind, dürfte in einem ausschließenden Verhältnis stehen zu der Berücksichtigung der Gesetzmäßigkeiten der Lebenserscheinungen.*

Genau so wie es nur auf Grund der prinzipiellen Komplementarität zwischen der Anwendbarkeit des Zustandsbegriffs und der raumzeitlichen Verfolgung der Atomteilchen möglich ist, in sinngemäßer Weise von der charakteristischen Stabilität der Atomeigenschaften Rechenschaft abzulegen, so dürfte die Eigenart der Lebenserscheinungen und insbesondere die Selbststabilisierung der Organismen untrennbar mit der prinzipiellen Unmöglichkeit einer eingehenden Analyse der physikalischen Bedingungen, unter denen das Leben sich abspielt, verknüpft sein. Kurz könnte man vielleicht sagen, daß die Quantenmechanik das statistische Verhalten einer gegebenen Anzahl von Atomen unter wohldefinierten äußeren Bedingungen betrifft, während wir den Zustand eines lebendigen Wesens nicht im atomaren Maßstab definieren können; ist es doch bei einem Organismus wegen seines Stoffwechsels nicht einmal möglich zu entscheiden, welche Atome zum lebenden Individuum gehören. In diesem Sinne nimmt das Anwendungsgebiet der auf dem Korrespondenzargument aufgebauten statistischen Quantenmechanik eine Zwischenstellung ein zwischen dem Gebiet der Anwendbarkeit der Idealisation der kausalen Raumzeitbeschreibung und dem durch teleologische Argumentation charakterisierten Gebiet der Biologie.

Obwohl diese Auffassung zunächst nur die physische Seite der Sache trifft, dürfte sie außerdem geeignet sein, einen Hintergrund zu bilden für die Einordnung des mit dem Leben verknüpften psychischen Geschehens. Wie im dritten Artikel auseinandergesetzt und auch oben berührt, weist die bei der Selbstbeobachtung unvermeidbare Beeinflussung des vom Willensgefühl geprägten psychischen Erlebens eine auffallende Ähnlichkeit auf mit den Verhältnissen, die den Verzicht auf Kausalität bei der Analyse der Atomerscheinungen bedingen. Vor allem dürfte aber, wie dort angedeutet, eine wesentliche Vertiefung der ursprünglich auf der physikalischen Kausalitätsbeschreibung sich stützenden Auffassung des psycho-physischen Parallelismus dargeboten werden durch die Beachtung der unvoraussagbaren Modifikation des psychischen Erlebnisses, welche jeder Versuch einer objektiven Verfolgung der begleitenden physischen Prozesse im Zentralnervensystem mit sich bringen würde. In dieser Verbindung muß jedoch nicht vergessen werden, daß es bei der Zusammenfassung der physischen und psychischen Seite des Daseins sich um ein besonderes Komplementaritätsverhältnis handelt, das sich nicht erschöpfend mittels einseitig physikalischer oder psychologischer Gesetzmäßigkeiten veranschaulichen läßt. Gerade nach der allgemeinen Belehrung der Atomtheorie dürfte auch nur ein Verzicht in dieser Hinsicht uns erlauben der Harmonie Rechnung zu tragen, für deren Erleben und Analyse Willensfreiheit und Kausalitätsbegriff den Rahmen bilden in dem in vierten Artikel näher erläuterten Sinn.

I.
Atomtheorie und Mechanik.

Die klassischen Theorien.

Die Analyse des Gleichgewichtes und der Bewegung von Körpern bildet nicht nur die Grundlage der Physik, sondern sie hat auch ein reiches Anwendungsgebiet für das mathematische Denken dargeboten, das sich als äußerst fruchtbar erwiesen hat für die Entwicklung der Methoden der reinen Mathematik. Diese Verbindung zwischen Mechanik und Mathematik sehen wir schon in frühester Zeit in den Arbeiten von ARCHIMEDES, GALILEI und NEWTON, in deren Hand die Bildung der zur Analyse der mechanischen Erscheinungen geeigneten Begriffe einen vorläufigen Abschluß erhielt. In der Zeit nach NEWTON geht die Entwicklung der Behandlungsmethoden mechanischer Probleme Hand in Hand mit der Entwicklung der mathematischen Analysis, wobei wir nur an Namen wie EULER, LAGRANGE und LAPLACE zu denken brauchen. Auch die spätere Entwicklung der Mechanik, die auf HAMILTON zurückgeht, geschah in engster Wechselwirkung mit der Ausbildung der mathematischen Methoden, nämlich Variationsrechnung und Invariantentheorie, wie wir es noch in neuester Zeit in den Arbeiten POINCARÉS deutlich erkennen.

Die größten Erfolge hat die Mechanik wohl auf dem Gebiet der Astronomie errungen; aber ein äußerst interessantes Anwendungsgebiet ist ihr im Laufe des letzten Jahrhunderts auch in der mechanischen Wärmetheorie entstanden. Nach der von CLAUSIUS und MAXWELL begründeten kinetischen Gastheorie werden die Eigenschaften der Gase in großem Umfang beschrieben als Folge der mechanischen Wechselwirkung der durcheinander fliegenden Atome oder Moleküle. Besonders wollen wir an die von dieser Theorie gelieferte Erklärung der beiden Hauptsätze der Wärmetheorie erinnern. Dabei ergibt sich der erste Hauptsatz als eine unmittelbare Folge des mechanischen Prinzips von der Erhaltung der Energie, während der zweite Hauptsatz, das Entropiegesetz, nach dem Vorgang von BOLTZMANN auf das statistische Verhalten einer großen Anzahl mechanischer Systeme zurückgeführt wird. Interessant dabei ist, daß statistische Betrachtungen nicht nur erlaubt haben, das mittlere Verhalten der Atome zu beschreiben, sondern auch die Schwankungserscheinungen, die bei der Erforschung der BROWNschen

Bewegung eine unerwartete Möglichkeit ergeben haben, die Atome zu zählen. Für den systematischen Aufbau der statistischen Mechanik, zu dem besonders GIBBS beigetragen hat, lieferte eben die mathematische Theorie der kanonischen Form von Systemen von Differentialgleichungen das geeignete Mittel.

Eine durchgreifende Erweiterung der mechanischen Vorstellungen brachte die Entwicklung der elektromagnetischen Theorien in der zweiten Hälfte des vorigen Jahrhunderts, die den Entdeckungen von ÖRSTED und FARADAY folgte. Im Anfang war wohl die MAXWELLsche Elektrodynamik in Anlehnung an Betrachtungen über mechanische Modelle aufgebaut, aber man sah bald die Vorteile ein, die es mit sich bringt, wenn man umgekehrt die mechanischen Vorstellungen auf die elektromagnetische Feldtheorie zurückzuführen versucht. In dieser Theorie werden die Erhaltungssätze dadurch begründet, daß Energie und Impuls in dem die Körper umgebenden Raum lokalisiert gedacht werden. Vor allem aber wird dadurch eine ungezwungene Deutung der Strahlungserscheinungen erreicht. Die Feldtheorie war der direkte Anlaß zur Entdeckung der elektromagnetischen Wellen, die heute in der Technik eine so große Rolle spielen. Ferner bot die von MAXWELL begründete elektromagnetische Lichttheorie eine sinngemäße Grundlage für die Wellentheorie des Lichtes dar, die auf HUYGENS zurückgeht, und erlaubte in Anlehnung an die Atomtheorie eine allgemeine Beschreibung der Entstehung des Lichtes und der beim Durchgang des Lichtes durch Materie sich abspielenden Erscheinungen. Dabei wird angenommen, daß die Atome aus elektrischen Partikeln aufgebaut sind, die Schwingungen um Gleichgewichtslagen ausführen können. Einerseits sind die freien Schwingungen der Partikeln Ursache der Strahlung, deren Konstitution wir in den charakteristischen Spektren der Elemente erkennen. Andererseits sollen die Partikeln vermöge der elektrischen Kräfte in den Lichtwellen in erzwungene Schwingungen geraten, was wieder mit sich bringt, daß das Atom zum Ausgangspunkt sekundärer Wellen wird. Durch die Interferenz der von den einzelnen Atomen kommenden Kugelwellen mit den ursprünglichen Lichtwellen entstehen die wohlbekannten Phänomene der Spiegelung und Brechung des Lichtes. Wenn die Schwingungszahl der auffallenden Wellen nahe mit der Schwingungszahl einer der freien Schwingungen des Atoms übereinstimmt, tritt eine Resonanzwirkung auf, bei welcher die Partikeln in besonders kräftige Mitschwingung geraten. Dadurch erhielt man eine ungezwungene Deutung der Phänomene der Resonanzstrahlung und der anomalen Dispersion einer Substanz für Licht, das in der Nähe einer ihrer Spektrallinien liegt. Ebenso wie bei der kinetischen Gastheorie kommt bei der elektromagnetischen Deutung der optischen Phänomene nicht nur die mittlere Wirkung einer großen Zahl von Atomen in Betracht, sondern bei der Streuung des Lichtes kommt wegen der unregelmäßigen Verteilung der Atome die Wirksamkeit des einzelnen Atoms in einer Weise zum Vorschein, die eine direkte Zählung der Atome zuläßt. So schätzte RAYLEIGH aus der Stärke des gestreuten blauen Himmelslichtes die Anzahl der Atome in der atmosphärischen Luft in befriedigender Übereinstimmung mit der durch PERRIN beim Studium der BROWNschen Bewegung ausgeführten Atomzählung.

Die sinngemäße mathematische Darstellung der elektromagnetischen Feldtheorie beruht auf einer Anwendung der Vektoranalysis oder allgemeiner der Tensoranalysis von mehrdimensionalen Mannigfaltigkeiten. Dieses von RIEMANN begründete Wissensgebiet lieferte die geeigneten Mittel zur Formulierung von EINSTEINS Relativitätstheorie, welche Begriffe einführt, die über die GALILEIsche Kinematik herausgehen, und welche wohl als der natürliche Abschluß der klassischen Theorien angesehen werden darf.

Die Quantentheorie und die Bausteine der Atome.

Trotz aller genannten Erfolge der Anwendung mechanischer und elektrodynamischer Vorstellungen auf die Atomtheorie sollte doch die folgende Entwicklung tiefe innere Schwierigkeiten offenbaren. Wenn man in diesen Theorien zutreffende Kenntnisse über die Wärmebewegung sowie über die an Bewegung geknüpfte Strahlung besaß, so müßten die allgemeinen Gesetze der Wärmestrahlung einer direkten Deutung zugänglich sein. Gegen alles Erwarten zeigte sich jedoch, daß eine auf einer solchen Grundlage angestellte Berechnung keineswegs imstande war, die Beobachtungen über diese Gesetze zu erklären. Darüber hinausgehend zeigte PLANCK, unter Wahrung der BOLTZMANNschen Deutung des zweiten Hauptsatzes der Wärmetheorie, daß die Gesetze der Wärmestrahlung ein der klassischen Theorie fremdartiges Element von Diskontinuität bei der Beschreibung atomarer Prozesse verlangten. PLANCKS Entdeckung bestand darin, daß beim statistischen Verhalten von Teilchen, die um Gleichgewichtslagen harmonische Schwingungen ausführen, nur solche Schwingungszustände heranzuziehen waren, deren Energie ein Vielfaches eines „Quantums" ωh beträgt, wo ω die Schwingungszahl der Teilchen und h eine universelle Konstante, das sog. PLANCKsche Wirkungsquantum bedeuten. Die genauere Formulierung des Inhaltes der Quantentheorie scheint aber eine äußerst schwierige Aufgabe, wenn man bedenkt, daß alle Begriffe der bisherigen Theorien auf Vorstellungen zurückgehen, die die Möglichkeit von kontinuierlichen Änderungen verlangen. Diese Schwierigkeit wurde besonders unterstrichen durch die bedeutungsvollen Untersuchungen von EINSTEIN, nach denen wesentliche Züge der Wechselwirkung zwischen Licht und Materie scheinbar verlangen, daß die Fortpflanzung des Lichtes nicht durch Ausbreitung von Wellen geschieht, sondern durch „Lichtquanten", die innerhalb eines kleinen Raumgebietes konzentriert, die Energie $h\nu$

enthalten, wo ν die Schwingungszahl des Lichtes ist. Der formelle Charakter dieser Aussage leuchtet schon deswegen ein, weil die Definition und Messung dieser Schwingungszahl ausschließlich auf der Wellenvorstellung beruht. Die besprochene Unzulänglichkeit der klassischen Theorien wurde durch die Entwicklung unserer Vorstellungen vom Atombau in ein helles Licht gerückt. Es bestand früher die Hoffnung, daß diese Vorstellungen sich allmählich ausbilden ließen durch die Analyse der Eigenschaften der Elemente in Anlehnung an die klassischen Theorien, die sich in so weitem Umfang bewährt hatten. Diese Hoffnung war kurz vor der Geburt der Quantentheorie besonders gestützt worden durch ZEEMANS Entdeckung der Wirkung magnetischer Felder auf Spektrallinien. Wie LORENTZ zeigen konnte, entspricht in vielen Fällen diese Wirkung gerade demjenigen Einfluß magnetischer Kräfte auf die Bewegung schwingender elektrischer Teilchen, die nach der klassischen Elektrodynamik zu erwarten wäre. Zumal erlaubte diese Deutung des Zeemaneffektes Schlüsse über die Natur der schwingenden Teilchen zu ziehen, die in schönster Übereinstimmung waren mit den experimentellen Entdeckungen von LENARD und THOMSON auf dem Gebiet der Gasentladungen, bei welchen leichte negative Partikeln, die Elektronen, als gemeinsame Bausteine aller Atome erkannt wurden. Allerdings bereitete der sog. „anomale" Zeemaneffekt mancher Spektrallinien den klassischen Theorien tiefliegende Schwierigkeiten, ähnlich denen, die auftraten bei den Versuchen, mit Hilfe von elektrodynamischen Modellen die einfachen empirischen Gesetzmäßigkeiten der Schwingungszahlen der Spektren zu deuten, die durch die Arbeiten von BALMER, RYDBERG und RITZ ans Licht gebracht waren. Besonders mußte eine Deutung der Spektralgesetze schwerlich vereinbar erscheinen mit der Schätzung der Anzahl der Elektronen im Atom, wie sie THOMSON aus Beobachtungen über Zerstreuung von Röntgenstrahlen in einfacher Anlehnung an die klassische Theorie erzielen konnte.

Während diese Schwierigkeiten eine Zeitlang auf unsern Mangel von Kenntnis des Ursprungs der Kräfte, die die Elektronen im Atom festhalten, geschoben werden konnten, wurde die Sachlage völlig geändert durch die experimentellen Entdeckungen auf dem Gebiete der Radioaktivität, welche neue Mittel zur Erforschung der Atomstruktur in die Hand gab. So konnte RUTHERFORD aus den Versuchen über den Durchgang der von radioaktiven Substanzen ausgeschleuderten Teilchen durch Materie eine überzeugende Begründung für die Vorstellung des Kernatoms erzielen. Nach dieser Vorstellung ist der Träger des größten Teiles der Masse des Atoms ein positiv geladener Kern, dessen Dimensionen außerordentlich klein gegenüber den Dimensionen des ganzen Atoms sind. Um den Kern bewegen sich eine Anzahl von leichteren negativ geladenen Elektronen. Das Problem des Atombaues erhielt in dieser Weise eine weitgehende Ähnlichkeit mit den Problemen der

Himmelsmechanik. Eine nähere Untersuchung zeigt aber bald, daß nichtsdestoweniger zwischen einem Atom und einem Planetensystem eine grundsätzliche Verschiedenheit besteht. Vom Atom müssen wir nämlich eine Stabilität fordern, die einen der mechanischen Theorie gänzlich fremdartigen Zug darstellt. So lassen die mechanischen Gesetze eine kontinuierliche Variation der möglichen Bewegungen zu, die mit der Bestimmtheit der Eigenschaften der Elemente durchaus unverträglich ist. Die Verschiedenheit eines Atoms von einem elektrodynamischen Modell tritt auch deutlich hervor, wenn man nach der Konstitution der ausgesandten Strahlung fragt; denn für Modelle der betrachteten Art, wo die charakteristischen Frequenzen der Bewegung kontinuierlich mit der Energie variieren, wird die Schwingungszahl der Strahlung nach der klassischen Theorie sich während der Ausstrahlung kontinuierlich ändern und also gar keine Ähnlichkeit besitzen mit den Linienspektren der Elemente.

Die Grundpostulate der Theorie des Atombaus.

Das Suchen nach einer Präzisierung der Begriffe der Quantentheorie, welche imstande wäre, über die genannten Schwierigkeiten hinwegzukommen, führte nun zur Aufstellung folgender Postulate:

1. Ein Atomsystem besitzt eine gewisse Mannigfaltigkeit von Zuständen, die „stationären Zustände", welchen im allgemeinen eine diskrete Reihe von Energiewerten entspricht, und welche eine eigentümliche Stabilität besitzen, die darin zum Ausdruck kommt, daß jede Änderung der Energie des Atoms in einer Überführung des Atoms von einem stationären Zustand zu einem anderen bestehen muß.

2. Die Möglichkeit von Emission oder Absorption von Strahlung seitens des Atoms ist gebunden an die Möglichkeit von Energieänderungen des Atoms, derart, daß die Frequenz der Strahlung mit der Energiedifferenz zwischen Anfangs- und Endzustand durch die formale Beziehung $h\nu = E_1 - E_2$ verbunden ist.

Diese Postulate, die sich einer Deutung mittels der klassischen Vorstellungen entziehen, scheinen eine geeignete Grundlage für die allgemeine Beschreibung der physikalischen und chemischen Eigenschaften der Elemente darzubieten. Im besonderen findet durch sie ein grundsätzlicher Zug der empirischen Gesetzmäßigkeit der Spektren eine unmittelbare Deutung. Dieser Zug, das Ritzsche „Kombinationsprinzip der Spektrallinien", besagt, daß die Schwingungszahl jeder Linie in einem Spektrum dargestellt werden kann durch die Differenz zweier Terme aus einer Mannigfaltigkeit von Spektraltermen, die für das betreffende Element charakteristisch ist. Wir sehen nämlich, daß diese Terme identifiziert werden können mit den durch h dividierten Energiewerten der stationären Zustände des Atoms. Außerdem liefert diese Deutung des Ursprungs der Spektren eine unmittelbare Erklärung für den charakteristischen Unterschied zwischen Absorptions- und Emissionsspektren. Denn nach den Postulaten ist die Bedingung für selektive Absorption von Strahlung einer Schwingungszahl, die der Kombination zweier Terme entspricht, die, daß das Atom sich im Zustande kleinerer Energie befindet, während es sich bei Emission solcher Strahlung im Zustand größerer Energie befinden muß. Überhaupt ist die geschilderte Auffassung in engster Übereinstimmung mit den experimentellen Ergebnissen über die Anregung von Spektren. Besonders tritt dies hervor bei der Entdeckung von FRANCK und HERTZ, wonach bei Stößen zwischen freien Elektronen und Atomen eine Energieübertragung von Elektron auf Atom nur in Beträgen stattfinden kann, die eben gleich sind den aus den Spektraltermen berechneten Energiedifferenzen der stationären Zustände. Dabei wird im allgemeinen das Atom zugleich zum Ausstrahlen angeregt. Ebenso kann nach den Ausführungen von KLEIN und ROSSELAND das angeregte Atom durch Stoß seine Strahlungsfähigkeit verlieren, wobei das stoßende Elektron einen entsprechenden Energiezuwachs bekommt. Wie EINSTEIN gezeigt hat, bieten ferner die Postulate eine geeignete Grundlage dar für eine konsequente Behandlung statistischer Probleme, besonders für eine äußerst durchsichtige Herleitung der PLANCKschen Wärmestrahlungsformel. Bei dieser Theorie wird angenommen, daß ein Atom, das einen Übergangsprozeß zwischen zwei stationären Zuständen ausführen kann und sich im oberen Zustand befindet, eine gewisse nur vom Atom abhängige „Wahrscheinlichkeit" besitzt, innerhalb eines gegebenen Zeitintervalls spontan in den unteren Zustand überzugehen. Weiter wird angenommen, daß eine äußere Bestrahlung mit der dem Übergang entsprechenden Schwingungszahl im Atom eine der Intensität der Strahlung proportionale Wahrscheinlichkeit hervorruft, vom unteren Zustand zum oberen zu gehen. Auch ist ein wesentlicher Zug der Theorie, daß die Bestrahlung mit dieser Frequenz dem Atom im oberen Zustand außer der spontanen noch eine induzierte Wahrscheinlichkeit erteilt, nach unten zu gehen. Gleichzeitig damit, daß die EINSTEINsche Wärmestrahlungstheorie eine Stütze für die Postulate bietet, wird durch sie der formale Charakter der Frequenzbedingung besonders unterstrichen. Aus den Forderungen des vollständigen Wärmegleichgewichts folgert EINSTEIN nämlich, daß jeder Absorptions- und Emissionsprozeß einen Umsatz von Bewegungsgröße mit sich führt vom Betrag $h\nu/c$, wo c die Lichtgeschwindigkeit ist; genau so, wie es der Vorstellung von Lichtquanten entsprechen würde. Die Bedeutung dieses Schlusses ist in überaus interessanter Weise betont worden durch die Entdeckung von COMPTON, daß die Streuung homogener Röntgenstrahlen mit einer von der Beobachtungsrichtung abhängigen Änderung der Schwingungszahlen in der gestreuten Strahlung begleitet ist. Eine solche Frequenzänderung folgt einfach aus der Lichtquantentheorie, wenn man bei der Änderung der

Fortpflanzungsrichtung des Quants sowohl die Erhaltung von Impuls wie Energie in Rechnung setzt.

Um den sich immer verschärfenden Gegensatz zwischen der Wellentheorie des Lichtes, die für die Beschreibung der optischen Phänomene scheinbar unentbehrlich ist, und der Lichtquantentheorie, die so viele wesentliche Züge der Wechselwirkung zwischen Licht und Stoff zwanglos wiedergibt, zu beheben, konnte man zu der Vermutung geneigt sein, daß das Versagen der klassischen Theorien sich sogar auf die Gültigkeit der Erhaltungssätze der Bewegungsgröße und der Energie erstreckte. Diesen Gesetzen, welche in der klassischen Theorie eine so zentrale Stelle einnehmen, dürfte so bei der Beschreibung atomarer Prozesse nur eine statistische Gültigkeit zukommen. Daß diese Vermutung keinen befriedigenden Ausweg darstellt, folgt aber aus Versuchen über die Streuung von Röntgenstrahlen, die neuerdings angestellt worden sind, mittels der schönen Methoden, die eine direkte Beobachtung der Einzelprozesse erlauben. So haben GEIGER und BOTHE zeigen können, daß die Rückstoß- und Photoelektronen, die die Entstehung und Absorption der Streustrahlung begleiten, in Paaren zusammengekoppelt sind, in einer Weise, die durchaus dem Bild der Lichtquantentheorie entspricht. Mittels der Methode der WILSONschen Nebelkammer ist es ferner COMPTON und SIMON gelungen, außer dieser Paarung auch den von der Lichtquantentheorie verlangten Zusammenhang der Richtung, in welcher die Wirkung der Streustrahlung beobachtet wird und der Geschwindigkeitsrichtung der die Streuung begleitenden Rückstoßelektronen nachzuweisen. Aus diesen Ergebnissen darf man wohl entnehmen, daß es bei dem allgemeinen Problem der Quantentheorie sich nicht um eine auf Grundlage der gewöhnlichen physikalischen Begriffe beschreibbare Abänderung der mechanischen und elektrodynamischen Theorien handelt, sondern um ein tiefgehendes Versagen der raumzeitlichen Bilder, mittels welcher man bisher die Naturerscheinungen zu beschreiben versuchte. Dieses Versagen kommt auch deutlich zutage bei näherer Betrachtung der Stoßerscheinungen. Besonders für Stöße, bei denen die Stoßdauer kurz ist gegenüber den Perioden der Eigenschwingungen der Atome, und für die nach den gewöhnlichen mechanischen Vorstellungen besonders einfache Resultate zu erwarten wären, sieht man ein, daß das Postulat der stationären Zustände unvereinbar ist mit jeglicher raumzeitlicher Beschreibung des Stoßvorganges, die sich auf unsere Vorstellungen des Atombaus stützt.

Das Korrespondenzprinzip und die Quantenbedingungen.

Ungeachtet dieses Sachverhaltes hat es sich jedoch als möglich erwiesen, mechanische Bilder der stationären Zustände zu konstruieren, die auf der Vorstellung des Kernatoms beruhen, und die bei der Deutung der spezifischen Eigenschaften der Elemente von erheblichem Nutzen gewesen sind. Im einfachsten Fall von einem Atom mit nur einem Elektron wie das neutrale Wasserstoffatom würde nach der klassischen Mechanik die Bahn des Elektrons den KEPLERschen Gesetzen entsprechend eine geschlossene Ellipse sein, deren große Achse und Umlaufszahl in einfacher Weise mit der zur völligen Trennung der Atomteilchen notwendigen Arbeit zusammenhängen. Indem nun die Spektralterme des Wasserstoffspektrums als eben für diese Arbeit maßgebend angesehen werden, erblicken wir in diesem Spektrum Zeugnis von einem stufenweisen Prozeß, bei dem das Elektron unter Ausstrahlung allmählich fester gebunden wird, in Zuständen, die durch Bahnen mit immer kleineren Dimensionen veranschaulicht sind. Wenn das Elektron möglichst fest gebunden ist und das Atom daher keine weitere Strahlung aussenden kann, ist der Normalzustand des Atoms erreicht. Die Bahndimensionen, die aus den Spektraltermen geschätzt werden, nehmen für diesen Zustand Werte an, die von derselben Größenordnung sind wie die aus den mechanischen Eigenschaften der Elemente ermittelten Atomdimensionen. Dem Wesen der Postulate nach sind jedoch die Merkmale der mechanischen Bilder wie Umlaufszahl und Gestalt der Elektronenbahn der direkten Beobachtung nicht zugänglich. Besonders der Umstand, daß vom Normalzustand keine Strahlung stattfindet, obwohl dem Elektron auch in diesem Zustand eine Bewegung zugeschrieben wird, steht in so schroffem Gegensatz zu den Forderungen der elektromagnetischen Theorie, daß der symbolische Charakter jener Bilder wohl nicht stärker unterstrichen werden könnte.

Nichtsdestoweniger ist die betreffende Veranschaulichung der stationären Zustände durch mechanische Bilder dazu geeignet gewesen, eine tiefliegende Analogie zwischen der Quantentheorie und der klassischen Theorie zutage zu bringen. Dieser Analogie kam man auf die Spur durch eine Untersuchung der Verhältnisse im Anfang des beschriebenen Bindungsprozesses, wo die den aufeinanderfolgenden stationären Zuständen zugeordneten Bewegungen verhältnismäßig wenig voneinander abweichen. Hier zeigte es sich nämlich möglich, eine asymptotische Übereinstimmung zwischen Spektrum und Bewegung nachzuweisen. Diese Übereinstimmung stellt eine quantitative Beziehung her, durch welche die Konstante der Balmerformel des Wasserstoffspektrums mittels der PLANCKschen Konstante und den Werten der Ladung und Masse des Elektrons ausgedrückt wird. Die weitgehende Gültigkeit jener Beziehung wurde durch die nachfolgende Prüfung der Voraussagen der Theorie betreffs der Abhängigkeit des Spektrums von der Kernladung bestätigt. Das letztere Resultat kann als der erste Schritt zur Erfüllung eines Programms angesehen werden, das durch den Begriff des Kernatoms veranlaßt ist, nämlich die Beziehungen zwischen den Eigenschaften der Elemente allein mit Hilfe der ganzen Zahl zu erklären, die die Anzahl der Elementarladungen des Kerns angibt, der sog. „Ordnungszahl".

Die Feststellung der asymptotischen Übereinstimmung zwischen Spektrum und Bewegung gab Anlaß zur Aufstellung des „Korrespondenzprinzips", nach welchem die Möglichkeit jedes durch Ausstrahlung veranlaßten Überführungsprozesses durch das Vorhandensein einer entsprechenden harmonischen Komponente in der Bewegung des Atoms bedingt wird. Nicht nur stimmt dabei die Schwingungszahl der korrespondierenden harmonischen Komponente mit der nach der Frequenzbedingung ermittelten Schwingungszahl asymptotisch überein in der Grenze, wo die Energiewerte der stationären Zustände sich zusammenhäufen, sondern die Amplituden der mechanischen Schwingungskomponenten geben in dieser Grenze auch ein asymptotisches Maß für die Wahrscheinlichkeit der Überführungsprozesse, von der die Intensität. der beobachtbaren Spektrallinien abhängt. Das Korrespondenzprinzip ist ein Ausdruck für die Bestrebung, ungeachtet des grundsätzlichen Gegensatzes zwischen den Postulaten der Quantentheorie und den klassischen Theorien, jeden Zug dieser Theorien bei dem Ausbau der Quantentheorie in sinngemäßer Umdeutung zu verwerten. Die Entwicklung wurde wesentlich dadurch gefördert, daß es möglich schien, gewisse allgemeine Gesetze, die „Quantisierungsregeln" anzugeben, mittels derer die den stationären Zuständen eines Atoms zugeordneten mechanischen Bewegungen aus der kontinuierlichen Mannigfaltigkeit solcher Bewegungen auszuwählen wären. Diese Regeln beziehen sich auf Atomsysteme, für welche die Lösung der mechanischen Bewegungsgleichungen einfach- oder mehrfach-periodischen Charakter besitzen, d. h. für die die Bewegung jedes Teilchens sich als eine Überlagerung diskreter harmonischer Schwingungen darstellen läßt. Die Quantisierungsregeln, die als sinngemäße Verallgemeinerungen des ursprünglichen PLANCKschen Ansatzes für die möglichen Energiewerte eines harmonischen Oszillators angesehen wurden, besagen, daß gewisse Wirkungskomponenten, die die Lösung der mechanischen Bewegungsgleichungen kennzeichnen, ganzzahligen Multiplen der PLANCKschen Konstante gleichgleichgesetzt werden sollen. Mittels dieser Regeln wird eine Klassifikation der Mannigfaltigkeit von stationären Zuständen erreicht, in welcher jedem Zustand eine Anzahl ganzer Zahlen, die „Quantenzahlen", zugeordnet ist. Diese Anzahl ist dem Periodizitätsgrad der mechanischen Bewegung gleich. Bei der Formulierung der Quantisierungsregeln ist die moderne Entwicklung der mathematischen Behandlung mechanischer Probleme von ausschlaggebender Bedeutung gewesen. Wir erinnern nur an die besonders von SOMMERFELD herangezogene Theorie der Phasenintegrale, sowie die von EHRENFEST betonte Eigenschaft der adiabatischen Invarianz dieser Integrale. Die Theorie fand eine allgemeine und überaus elegante Darstellung durch

Einführung der auf STÄCKEL zurückgehenden Uniformisierungsvariabeln. In dieser Darstellung treten die für die Periodizitätseigenschaften der mechanischen Lösung maßgebenden Grundfrequenzen auf als die partiellen Differentialquotienten der Energie in bezug auf die zu quantisierenden Wirkungskomponenten, woraus unmittelbar folgt, daß die von dem Korrespondenzprinzip geforderte asymptotische Verbindung zwischen der Bewegung und dem nach der Frequenzbedingung berechneten Spektrum erfüllt ist.

Mittels der Quantisierungsregeln bekamen viele feinere Einzelheiten der Spektren scheinbar eine sinngemäße Deutung. Von besonderem Interesse war SOMMERFELDS Nachweis, daß die Rücksichtnahme auf die kleinen Abweichungen von einer Keplerbewegung, welche der von der Relativitätstheorie geforderten Modifikation der NEWTONschen Mechanik entsprechen würden, eine Erklärung der Feinstruktur der Wasserstofflinien darbot. Weiter möchten wir hier an die von EPSTEIN und von SCHWARZSCHILD gegebene Erklärung der von STARK entdeckten Aufspaltung der Wasserstofflinien unter Einfluß eines äußeren elektrischen Feldes erinnern. Es handelt sich hier um ein mechanisches Problem, das in den Händen von Mathematikern wie EULER und LEGENDRE eine immer verfeinerte Behandlung erhielt, bis JACOBI seine berühmte elegante Lösung mittels der HAMILTONschen partiellen Differentialgleichung angab. Besonders nach der Heranziehung des Korrespondenzprinzips — wodurch nicht nur die Polarisation, sondern, wie KRAMERS zeigen konnte, auch die eigentümliche Intensitätsverteilung der Komponenten des Starkeffektes eine Deutung erhielt — können wir sagen, daß in diesem Effekte jeder Zug der JACOBIschen Lösung wiederzuerkennen ist, obwohl in quantentheoretischer Verkleidung. In dieser Verbindung ist es auch von Interesse zu erwähnen, daß mit Hilfe des Korrespondenzprinzips eine Behandlung des Problems der Wirkung eines magnetischen Feldes auf das Wasserstoffatom erzielt werden konnte, die eine weitgehende Ähnlichkeit aufweist mit der auf LORENTZ zurückgehenden Deutung des Zeemaneffektes mit Hilfe der klassischen Elektrodynamik, besonders in der von LARMOR gegebenen Form.

Die Verwandtschaftsverhältnisse der Elemente.

Während die zuletzt genannten Probleme direkte Anwendungen der Quantisierungsregeln für Periodizitätssysteme darbieten, treffen wir beim Problem des Baus von Atomen mit mehreren Elektronen Fälle, wo die allgemeine Lösung des mechanischen Problems nicht die Periodizitätseigenschaften besitzt, die für eine Veranschaulichung der stationären Zustände mittels mechanischer Bilder erforderlich scheinen. Es liegt aber nahe, die noch engere Begrenzung der Anwendbarkeit mechanischer Bilder bei dem Studium der Eigenschaften von Atomen mit mehreren Elektronen, verglichen mit Atomen, die nur ein Elektron enthalten, in direkte Verbindung mit dem Postulat der Stabilität der stationären Zustände zu bringen. Denn das Wechselspiel der Elektronen im Atom führt uns ein Problem vor Augen, das durchaus dem Problem des Zusammenstoßes eines Atoms mit einem freien Elektron analog ist. Ebenso wie für die Stabilität des Atoms beim Stoß keine mechanische Begründung gegeben werden kann, müssen wir annehmen, daß schon bei der Frage der Beschreibung der stationären Zustände des Atoms die besondere Rolle, die jedes Elektron im Wechselspiel mit den anderen Elektronen spielt, in durchaus unmechanischer Weise gesichert ist.

Diese Auffassung ist in allgemeiner Übereinstimmung mit den spektroskopischen Beobachtungen. Ein wichtiger Zug derselben ist der RYDBERGsche Befund, daß trotz des mehr verwickelten Baus der Spektren anderer Elemente verglichen mit dem des Wasserstoffs, dieselbe Konstante wie in der BALMERschen Formel in den empirischen Formeln der Serienspektren aller Elemente auftritt. Dieser Befund wird einfach dadurch gedeutet, daß wir in den Serienspektren stufenweise Prozesse erblicken, bei denen ein Elektron an das Atom angelagert und unter Ausstrahlung fester und fester gebunden wird. Während die Bindungsart der übrigen Elektronen unverändert bleibt, wird die Bindung dieses Elektrons durch Bahnen veranschaulicht, welche zuerst, verglichen mit gewöhnlichen Atomdimensionen, groß sind, und die kleiner und kleiner werden, bis der Normalzustand des Atoms erreicht ist. In dem Falle, wo das Atomion, von dem das Elektron eingefangen wird, eine einfache Ladung trägt, sehen wir ein, daß nach diesem Bilde die Anziehung, der das Elektron im Anfang des Prozesses ausgesetzt ist, nahe mit den Anziehungskräften der Teilchen im Wasserstoffatom zusammenfällt. Wir verstehen daher, daß die Spektralterme, die für die Bindungsstärke maßgebend sind, eine asymptotische Übereinstimmung mit den Wasserstofftermen zeigen. Durch eine entsprechende Überlegung bekommt man ein unmittelbares Verständnis der besonders durch die Arbeiten FOWLERS und PASCHENS klargelegten allgemeinen Abhängigkeit eines Serienspektrums von dem Ladungszustand des emittierenden Atoms. Ein charakteristischer Beleg für die Art, in welcher die Elektronen im Atom gebunden sind, wird auch durch das Studium der Röntgenspektren geliefert. Einerseits ist die grundlegende Entdeckung MOSELEYs der auffallenden Ähnlichkeit der Röntgenspektren der Elemente mit dem Spektrum, das der Bindung eines einzelnen Elektrons an den Kern entspricht, einfach zu deuten, wenn man beachtet, daß im Innern der Atome der Einfluß des Kerns auf die Bindungsart jedes einzelnen Elektrons im Vergleich zu der gegenseitigen Beeinflussung der Elektronen überwiegend ist. Andererseits zeigen die Röntgenspektren gewisse charakteristische Unterschiede gegenüber den Serienspektren.

Diese rühren davon her, daß wir in den ersteren nicht die Hinzufügung eines weiteren Elektrons zum Atom vor uns haben, sondern die Reorganisierung der Bindungsweise der übrigen Elektronen bei Entfernung eines von ihnen. Diesen Umstand, der besonders von KOSSEL hervorgehoben wurde, war geeignet, eine Reihe neuer Züge der Stabilität der Atome ans Licht zu bringen. Für eine Deutung der feineren Einzelheiten der Spektra ist natürlich ein näheres Studium der Wechselwirkung der Elektronen erforderlich. Ein Angriff auf dies Problem wurde gemacht, indem man, von einer strengen Anwendung der Mechanik absehend, jedem Elektron eine Bewegung von solchen Periodizitätseigenschaften zuschrieb, daß eine Klassifizierung der Spektralterme mittels Quantenzahlen möglich wurde. Besonders in den Händen von SOMMERFELD fand eine Anzahl von Gesetzmäßigkeiten auf diese Weise eine einfache Deutung. Derartige Betrachtungen boten auch ein fruchtbares Anwendungsgebiet für das Korrespondenzprinzip. In der Tat gab dieses Verständnis für die merkwürdigen Beschränkungen der Kombinationsmöglichkeiten der Spektralterme die „Auswahlregeln" der Spektrallinien. Neuerdings ist es dann auch möglich geworden, aus dem Beobachtungsmaterial der Serien- sowie der Röntgenspektren Schlüsse über die Anordnung der Elektronen im Normalzustande des Atoms zu ziehen, welche eine Deutung der allgemeinen Gesetzmäßigkeiten des periodischen Systems der Elemente zulassen, die den Vorstellungen von der chemischen Wirksamkeit der Atome entspricht, so wie sie besonders von J. J. THOMSON, KOSSEL und G. N. LEWIS entwickelt worden sind. Der Fortschritt auf diesem Gebiet ging Hand in Hand mit der großen Bereicherung des spektroskopischen Materials während der letzten Jahre. Durch die Untersuchungen von LYMAN und MILLIKAN ist die Lücke beinahe überbrückt worden zwischen den optischen Spektren und dem Gebiet der Röntgenstrahlen, wo eben in diesen Jahren durch SIEGBAHN und seine Mitarbeiter so große Fortschritte erzielt worden sind. In dieser Verbindung sollten die Arbeiten von COSTER über die Röntgenspektren schwerer Elemente erwähnt werden, durch die eine schöne Stütze für die Deutung wesentlicher Züge des periodischen Systems geliefert wurde.

Die Unzulänglichkeit der mechanischen Bilder.

Die Analyse des feineren Baus der Spektren sollte jedoch eine Anzahl von Einzelheiten zutage bringen, die sich mit Hilfe mechanischer Bilder auf Grund der Quantisierungsregeln für Periodizitätssysteme nicht deuten ließen. Wir denken hier besonders an die Multiplettstruktur der Spektrallinien und die Wirkungen magnetischer Felder auf diese Strukturen. Diese letzteren Wirkungen, die man allgemein als anomale Zeemaneffekte bezeichnet, und die, wie früher erwähnt, schon der klassischen Theorie Schwierigkeiten bereiteten, fügten sich zwar ungezwungen in das Schema der Grundpostulate der Quantentheorie ein, indem, wie LANDÉ zeigte, die Aufspaltungskomponenten der Linien als Kombinationen der vom Magnetfelde zerlegten Spektralterme dargestellt werden können. Die schönen Versuche von STERN und GERLACH, wodurch eine unmittelbare Verbindung nachgewiesen wurde zwischen der Kraft, die an einem Atom im inhomogenen magnetischen Felde angreift, und den aus den zerlegten Spektraltermen berechneten Energiewerten der stationären Zustände im Felde, dürften sogar als eine Hauptstütze der Grundvorstellungen der Quantentheorie anzusehen sein. LANDÉS Analyse der Aufspaltungsterme sollte aber zugleich eine grundsätzliche Verschiedenheit zwischen dem Wechselspiel der Elektronen im Atom und der Kopplung von mechanischen Systemen offenbaren. Diese Sachlage konnte so ausgedrückt werden, daß das Wechselspiel der Elektronen einen mechanisch unbeschreibbaren ,,Zwang" enthielt, der eine eindeutige Zuordnung von Quantenzahlen in Anlehnung an die Quantisierungsregeln für Periodizitätssysteme ausschließt. Für die Diskussion war eine von EHRENFEST hergeleitete allgemeine Bedingung der thermodynamischen Stabilität wesentlich, die, auf die Postulate der Quantentheorie angewandt, besagt, daß das einem stationären Zustand zugeteilte statistische Gewicht eine Größe ist, die durch eine kontinuierliche Transformation des Atomsystems nicht geändert wird. Übrigens führte diese Bedingung, wie unlängst erkannt wurde, schon bei Atomen mit nur einem Elektron zu Schwierigkeiten, die auf eine Begrenzung der Gültigkeit der Theorie der Periodizitätssysteme hinwiesen. Das Problem der Bewegung von Punktladungen enthält nämlich unter seinen Lösungen auch singuläre, die aus der Mannigfaltigkeit der stationären Zustände ausgeschlossen werden mußten. Dieser Ausschluß begrenzte die Quantisierungsregeln künstlich, aber diese Begrenzung war zunächst nicht im offenbaren Widerspruch mit dem experimentellen Material. Schwierigkeiten von besonders ernster Natur wurden jedoch ans Licht gebracht durch die interessante Analyse von KLEIN und LENZ über das Problem des Wasserstoffatoms in gekreuzten elektrischen und magnetischen Feldern. Hier war es unmöglich, EHRENFESTS Bedingung zu befriedigen, da eine geeignete Veränderung der äußeren Kräfte Bahnen, die nicht immer aus der Mannigfaltigkeit der stationären Zustände ausgeschlossen werden konnten, in Bahnen transformierte, bei denen das Elektron in den Kern fällt.

Ungeachtet der oben erwähnten Schwierigkeiten sollte die Analyse der feineren Einzelheiten der Spektren die quantentheoretische Deutung der Gesetze der Verwandtschaft der Elemente wesentlich fördern. So haben DAUVILLIER, MAIN SMITH und STONER eine nähere Ausführung der Ideen betreffend die Anordnung der Elektronen in Untergruppen, zu welcher die Quantentheorie geführt hat, vorgeschlagen auf Grund einer Reihe von Tatsachen verschiedener Art. Trotz ihrer formalen

Natur zeigen diese Betrachtungen eine enge Verbindung mit den spektralen Gesetzmäßigkeiten, die durch die LANDÉsche Analyse aufgedeckt wurden. Auf diesem Wege sind neuerdings besonders von PAULI vielversprechende Resultate gewonnen worden. Obwohl die so erhaltenen Resultate einen wichtigen Schritt zur Erfüllung des erwähnten Programms darstellen, die Eigenschaften der Elemente allein auf Grund der Ordnungszahl zu erklären, muß man jedoch bedenken, daß sie keine eindeutige Zuordnung zu mechanischen Bildern zulassen.

Quantentheorie der optischen Phänomene.

Ein neues Stadium in der Entwicklung der Quantentheorie ist in den letzten Jahren durch das nähere Studium der optischen Phänomene eingeleitet worden. Während, wie genannt, die klassische Theorie auf diesem Gebiete so große Erfolge aufweisen konnte, gaben die Postulate zunächst keinen direkten Anhaltspunkt. Aus der Erfahrung konnte man zwar schließen, daß ein Atom bei Bestrahlung eine Streuung des Lichtes verursacht, die wesentlich analog ist zu der klassisch berechneten Streuung von elastisch gebundenen elektrischen Teilchen, deren Eigenfrequenzen mit den Frequenzen übereinstimmen, die den Übergangsmöglichkeiten des Atoms bei Bestrahlung entsprechen. Solche harmonische Oszillatoren würden ja, wenn angeregt, nach der klassischen Theorie auch Strahlung von ebenderselben Beschaffenheit emittieren wie die auf höhere stationäre Zustände überführten Atome. Die Möglichkeit, mittels dieser Vorstellung von Oszillatoren, die den Übergängen zugeordnet sind, eine einheitliche Beschreibung der optischen Phänomene zu gewinnen, wurde wesentlich gefördert durch einen Gedanken von SLATER, nach welchem die Ausstrahlung eines angeregten Atoms ebensosehr als der Grund der spontanen Übergänge angesehen werden kann, wie die Ursache der induzierten Übergänge in der auffallenden Strahlung zu suchen ist. Ein erster wichtiger Schritt zu einer quantitativen Beschreibung war schon früher von LADENBURG getan, der eine bestimmte Verbindung zwischen den Streuvermögen der Oszillatoren und den in der EINSTEINschen Theorie vorkommenden Übergangswahrscheinlichkeiten vorschlug. Einen entscheidenden Fortschritt erzielte hier KRAMERS durch eine geistvolle korrespondenzmäßige Umdeutung der Wirkungen, die nach der klassischen Theorie Bestrahlung mit Lichtwellen in einem elektrodynamischen System hervorbringt. Analog zu der Weise, wie die Strahlungsfrequenzen nach der klassischen Theorie einerseits und nach den Postulaten der Quantentheorie andererseits berechnet wurden, ist es für diese Umdeutung charakteristisch, daß Differentialquotienten in den klassischen Formeln durch Differenzen ersetzt werden, und zwar so, daß die Endformeln als Relationen zwischen prinzipiell beobachtbaren Größen erscheinen. So wird in KRAMERS' Theorie die Streuwirkung eines Atoms in einem gegebenen stationären Zustand in quantitativen Zusammenhang gebracht mit den Frequenzen, die den möglichen Überführungsprozessen nach anderen stationären Zuständen entsprechen, sowie mit den Wahrscheinlichkeiten, die für das Auftreten dieser Übergänge durch Bestrahlung charakteristisch sind. Es ist ein wesentlicher Zug der Theorie, daß bei der Berechnung der anomalen Dispersion in der Nähe einer Spektrallinie mit zweierlei entgegengesetzten Resonanzwirkungen zu rechnen ist, je nachdem diese Spektrallinie einem Übergang des Atoms zu einem Zustand größerer oder kleinerer Energie zugehört. Nur die erste von diesen entspricht den Resonanzwirkungen, die bisher in Anlehnung an die klassische Theorie für die Deutung der Dispersion herangezogen waren. Es ist auch besonders interessant, daß die weitere Ausbildung der Theorie durch KRAMERS und HEISENBERG eine sinngemäße quantitative Beschreibung von hinzukommenden Streuwirkungen mit abgeänderter Frequenz ergibt, deren Existenz von SMEKAL vorhergesagt war durch Betrachtungen, anschließend an die Lichtquantentheorie, deren Fruchtbarkeit sich auch hier bewährt hat.

Während diese Beschreibung der optischen Phänomene dem Sinn der Quantentheorie durchaus entsprach, zeigte sich aber bald, daß sie in einem eigentümlichen Widerspruch stand zu dem Gebrauch von mechanischen Bildern, der bisher bei der Analyse der stationären Zustände gemacht wurde. Einerseits ließ sich nach der von der Dispersionstheorie verlangten Streuwirkung der Atome bei Bestrahlung keine asymptotische Verbindung herstellen zwischen der Reaktion eines Atoms in Wechselfeldern immer kleinerer Schwingungszahlen und der Reaktion gegenüber konstanten Feldern, so wie sie aus den Quantisierungsregeln der Theorie der Periodizitätssysteme berechnet werden konnte. Diese Schwierigkeit war geeignet, den Zweifel an der strengen Gültigkeit dieser Theorie zu bestärken, zu dem, wie schon erwähnt, das Problem des Wasserstoffatoms in gekreuzten elektrischen und magnetischen Feldern geführt hatte. Andererseits mußte es als besonders unbefriedigend angesehen werden, daß die Theorie der Periodizitätssysteme dem Problem der quantitativen Bestimmung der Übergangswahrscheinlichkeiten auf Grundlage der mechanischen Bilder der stationären Zustände scheinbar hilflos gegenüberstand. Dies mußte um so mehr gefühlt werden, als es mit Hilfe von Gesichtspunkten, die durch die Analyse des optischen Verhaltens elektrodynamischer Modelle nahegelegt war, in mehreren Fällen gelang, quantitative Verschärfungen der allgemeinen Aussagen des Korrespondenzprinzips bezüglich dieser Übergangswahrscheinlichkeiten zu erreichen. Einerseits wurde dadurch eine Deutung der wichtigen Gesetzmäßigkeiten über die Intensitätsverteilung in Multiplettstrukturen erzielt, die sich in den letzten Jahren aus den besonders in Utrecht ausgeführten Messungen ergeben hatten. Andererseits konnte die erwähnte Verschärfung des Korrespondenzprinzips sich nur gezwungen in ein Schema einfügen lassen, das die Quantisierungsregeln für Periodizitätssysteme mit umfassen sollte.

Versuch einer rationellen Quantenmechanik.

In allerletzter Zeit hat nun HEISENBERG, der die eben genannten Schwierigkeiten besonders betont hat, einen Schritt von voraussichtlich außerordentlicher Tragweite gemacht, indem er den Problemen der Quantentheorie eine neuartige Formulierung gegeben hat, wodurch die der Benützung mechanischer Bilder anhaftenden Schwierigkeiten hoffentlich umgangen werden können. In dieser Theorie wird der Versuch gemacht, jedem Gebrauch der mechanischen Begriffe eine dem Sinn der Quantentheorie angemessene Umdeutung zu geben, und zwar in solcher Weise, daß auf jeder Stufe der Berechnung nur beobachtbare Größen eingehen. Im Gegensatz zur gewöhnlichen Mechanik handelt es sich nicht um eine raumzeitliche Beschreibung von Bewegungen der Atomteilchen, sondern die neue „Quantenmechanik" operiert mit Mannigfaltigkeit von Größen, welche die harmonischen Komponenten der Bewegung ersetzen, und welche, dem Korrespondenzprinzip entsprechend, die Übergangsmöglichkeiten zwischen den stationären Zuständen symbolisieren. Diese Größen genügen gewissen Relationen, die die mechanischen Bewegungsgleichungen sowie die Quantisierungsregeln ersetzen. Daß ein solches Verfahren wirklich eine der klassischen Mechanik genügend analoge in sich zusammenhängende Theorie gibt, beruht wesentlich darauf, daß, wie BORN und JORDAN nachweisen konnten, in der HEISENBERGschen Quantenmechanik ein dem Energiesatz der klassischen Theorie analoger Erhaltungssatz existiert. Die Theorie ist so aufgebaut, daß sie den Postulaten der Quantentheorie automatisch gerecht wird. Im besonderen ist die Frequenzbedingung durch die Energie- und Frequenzwerte erfüllt, die aus den mechanischen Bewegungsgleichungen erhalten werden. Obgleich die fundamentalen Beziehungen, die an Stelle der Quantenregeln treten, PLANCKs Konstante enthalten, erscheinen Quantenzahlen nicht explizit in diesen Beziehungen. Die Klassifikation der stationären Zustände ist einzig und allein auf eine Betrachtung der Übergangsmöglichkeiten begründet, die es erlaubt, die Mannigfaltigkeit der stationären Zustände Schritt für Schritt aufzubauen. Zusammenfassend dürfte die ganze Formulierung der Quantenmechanik als eine Präzisierung des Inhalts des Korrespondenzprinzips bezeichnet werden. In dieser Verbindung ist zu erwähnen, daß die Theorie den Ansätzen der KRAMERSschen Dispersionstheorie genügt.

Wegen der mathematischen Schwierigkeiten ist es noch nicht möglich gewesen, HEISENBERGS Theorie auf die offenen Fragen der Atomstruktur anzuwenden. Aus der obigen kurzen Beschreibung wird man jedoch einsehen, daß eine Anzahl von Resultaten, die, wie die Deutung der RYDBERGschen Konstante, früher mittels Korrespondenzbetrachtungen in Anlehnung an mechanische Bilder errungen waren, ihre Gültigkeit behalten. Es ist aber von größtem Interesse, daß schon in den einfachen Fällen, wo auf Grund der HEISENBERGschen Theorie bisher eine Behandlung durchgeführt werden konnte, die neue Theorie außer einer quantitativen Berechnung der Übergangswahrscheinlichkeiten zu Energiewerten für die stationären Zustände führt, die systematisch abweichen von denen, welche nach den Quantisierungsregeln der älteren Theorie folgen würden. Man darf daher hoffen, daß HEISENBERGS Theorie dazu geeignet sein wird, die Schwierigkeiten zu überwinden, auf die man, wie erwähnt, bei der Deutung der feineren Einzelheiten der Spektren gestoßen war.

An früherer Stelle wurde auf die fundamentalen Schwierigkeiten hingewiesen, die der Benutzung von Bildern für die Wechselwirkung zwischen Atomen durch Strahlung oder Stöße innezuwohnen scheinen. Diese Schwierigkeiten scheinen gerade jenes Absehen von mechanischen Modellen in Raum und Zeit zu verlangen, das so charakteristisch für die neue Quantenmechanik ist. Bis jetzt jedoch gibt die Formulierung dieser Quantenmechanik noch nicht die Kopplung der Übergangsprozesse in Paaren wieder, die sich in jenen Wechselwirkungen zeigt. Vielmehr gehen nur solche Größen, die auf der Existenz der stationären Zustände und der Möglichkeit der Übergänge zwischen ihnen beruhen, in die Theorie ein, welche ausdrücklich jede Erwähnung der Zeiten, zu denen Übergänge stattfinden, vermeidet. Diese Beschränkung, die typisch für den Angriff auf das Problem des Atombaues ist, welcher sich auf die Postulate der Quantentheorie gründet, läßt allerdings nur einige Seiten der Analogie zwischen Quantentheorie und klassischer Theorie ans Licht kommen. Diese Seiten umfassen besonders die Strahlungseigenschaften der Atome, und gerade hier bringt HEISENBERGS Theorie einen entscheidenden Fortschritt. Insbesondere erlaubt sie uns, wie KRAMERS hervorgehoben hat, in den Streuungserscheinungen die Anwesenheit der Elektronen zu erkennen auf eine Weise, die den klassischen Theorien ganz analog ist, welche, wie oben erwähnt, in den Händen von THOMSON eine Zählung der Elektronen im Atom auf Grund von Messungen über die Streuung von Röntgenstrahlen gestatteten. Die Probleme, die aus der Gültigkeit der Erhaltungssätze entspringen, hängen jedoch mit ganz anderen Seiten der Korrespondenz zwischen der Quantentheorie und der klassischen Theorie zusammen. Diese sind ebenfalls wichtig in einer allgemeinen Formulierung der Quantentheorie, und es ist unmöglich, ihnen aus dem Wege zu gehen, wenn es sich um die Reaktion von Atomen auf schnellbewegte Teilchen handelt. Es ist ja gerade hier, daß die klassischen Theorien so wesentlich zu unserer Kenntnis vom Atombau beigetragen haben.

Es dürfte die Kreise der Mathematiker interessieren, daß die sinngemäße Formulierung der neuen Quantenmechanik wesentlich gefördert wird durch die mathematischen Hilfsmittel, die die höhere Algebra geschaffen hat. So beruhen die von BORN und JORDAN ausgeführten allgemeinen Beweise der Erhaltungssätze in der HEISENBERGschen Theorie auf einer Benützung der auf CAYLEY zurückgehenden und besonders von HERMITE entwickelten Theorie von quadratischen Formen mit unendlich vielen Elementen. Es hat den Anschein, daß ein neues Stadium in der am Anfang genannten gegenseitigen Befruchtung zwischen Mechanik und Mathematik eingeleitet ist. Für das Gefühl der Physiker wird es wohl zunächst bedauerlich vorkommen, daß wir bei den Atomfragen auf eine derartige Begrenzung unserer üblichen Anschauungsmittel gestoßen sind. Dieses Bedauern wird aber vor der Dankbarkeit weichen müssen, daß die Mathematik auch auf diesem Gebiet uns die Werkzeuge schenkt, um Wege zu weiteren Fortschritten zu bahnen.

II.
Das Quantenpostulat und die neuere Entwicklung der Atomistik.

Einleitung.

Obwohl es mir große Freude macht, der freundlichen Einladung des Kongreßpräsidiums zu folgen und eine Übersicht über den jetzigen Stand der Quantentheorie zu geben, um dadurch eine Diskussion über diesen Gegenstand zu eröffnen, der zur Zeit eine so zentrale Stellung in der Physik einnimmt, gehe ich doch nur mit großen Bedenken an diese Aufgabe heran. Nicht nur ist der ehrwürdige Schöpfer der Theorie selber anwesend, sondern unter den Zuhörern werden verschiedene da sein, die auf Grund ihrer Teilnahme an der wunderbaren Entwicklung der letzten Zeit sicher mit gewissen Seiten des hochentwickelten mathematischen Formalismus besser vertraut sein werden als ich. Durch einfache Betrachtungen und ohne auf Einzelheiten von speziellem mathematischen Charakter einzugehen, werde ich jedoch versuchen, eine gewisse allgemeine Einstellung zu beschreiben, die, wie ich glaube, geeignet sein wird, die Richtlinien zu beleuchten, nach denen sich die Theorie von Anfang an entwickelt hat, und die hoffentlich dazu beitragen kann, eine Versöhnung der scheinbar sich widersprechenden Auffassungen verschiedener Physiker herbeizubringen. Die Quantentheorie dürfte besser als irgendeine andere physikalische Theorie dazu geeignet sein, die Entwicklung der Physik in dem Jahrhundert zu kennzeichnen, das seit dem Tode des großen Mannes, dessen Werk wir heute ehren, verflossen ist. Gleichzeitig haben wir gerade auf einem solchen Felde, wo wir auf neuen Wegen gehen und unserm eigenen Urteil trauen müssen, um den Fallgruben ringsum zu entgehen, vielleicht größeren Anlaß als je, der bahnbrechenden Arbeiten der alten Meister, die uns unser Werkzeug schufen, dankbar zu gedenken.

§ 1. Quantenpostulat und Kausalität.

Charakteristisch für die Quantentheorie ist die Erkenntnis einer fundamentalen Begrenzung der klassischen physikalischen Begriffe, wenn sie auf atomare Phänomene angewandt werden. Die hieraus sich ergebende Sachlage ist von besonderer Art, weil unsere Deutung des

Erfahrungsmaterials wesentlich auf der Anwendung der klassischen Begriffe beruht. Ungeachtet der Schwierigkeiten, die infolgedessen einer Formulierung des Inhaltes der Quantentheorie entgegenstehen, scheint es, wie wir sehen werden, daß der Sinn der Theorie zum Ausdruck gebracht werden kann durch das sog. Quantenpostulat, wonach jeder atomare Prozeß einen Zug von Diskontinuität oder vielmehr Individualität enthält, der den klassischen Theorien vollständig fremd ist und durch das PLANCKsche Wirkungsquantum gekennzeichnet ist.

Dieses Postulat hat einen Verzicht betreffend die kausale raumzeitliche Beschreibung der atomaren Phänomene zur Folge. In der Tat beruht unsere gewöhnliche Beschreibung der Naturerscheinungen letzten Endes auf der Voraussetzung, daß die in Rede stehenden Phänomene beobachtet werden können, ohne sie wesentlich zu beeinflussen. Dies tritt auch deutlich zutage in der Formulierung der Relativitätstheorie, die für die Klärung der klassischen Theorien so fruchtbar gewesen ist. Wie von EINSTEIN hervorgehoben, beruht jede Beobachtung oder Messung schließlich auf dem Zusammenfallen zweier unabhängigen Ereignisse im selben Raum-Zeit-Punkt. Eben dieses Zusammenfallen wird nicht berührt durch den Unterschied, den die Raum-Zeit-Beschreibung verschiedener Beobachter im übrigen aufweisen mag. Nun bedeutet aber das Quantenpostulat, daß jede Beobachtung atomarer Phänomene eine nicht zu vernachlässigende Wechselwirkung mit dem Messungsmittel fordert, und daß also weder den Phänomenen noch dem Beobachtungsmittel eine selbständige physikalische Realität im gewöhnlichen Sinne zugeschrieben werden kann. Überhaupt enthält der Begriff der Beobachtung eine Willkür, indem er wesentlich darauf beruht, welche Gegenstände mit zu dem zu beobachtenden System gerechnet werden. Letzten Endes wird jede Beobachtung selbstverständlich auf unsere Sinnesempfindungen zurückgeführt werden können. Der Umstand aber, daß man bei der Deutung von Beobachtungen immer theoretische Vorstellungen heranziehen muß, bringt mit sich, daß es für jeden einzelnen Fall eine Frage der Zweckmäßigkeit ist, an welcher Stelle man den Begriff der Beobachtung und den mit dem Quantenpostulat verbundenen „irrationalen" Zug der Beschreibung einführt.

Dieser Sachverhalt bringt weitgehende Konsequenzen mit sich. Einerseits verlangt die Definition des Zustandes eines physikalischen Systems, wie gewöhnlich aufgefaßt, das Ausschließen aller äußeren Beeinflussungen; dann ist aber nach dem Quantenpostulat auch jede Möglichkeit der Beobachtung ausgeschlossen, und vor allem verlieren die Begriffe Zeit und Raum ihren unmittelbaren Sinn. Lassen wir andererseits, um Beobachtungen zu ermöglichen, eventuelle Wechselwirkungen mit geeigneten, nicht zum System gehörigen, äußeren Messungsmitteln zu, so ist der Natur der Sache nach eine eindeutige Definition des Zustandes des Systems nicht mehr möglich, und es kann von Kausalität im gewöhnlichen Sinne keine Rede sein. Nach dem Wesen der Quantentheorie müssen wir uns also damit begnügen, die Raum-Zeit-Darstellung und die Forderung der Kausalität, deren Vereinigung für die klassischen Theorien kennzeichnend ist, als komplementäre, aber einander ausschließende Züge der Beschreibung des Inhalts der Erfahrung aufzufassen, die die Idealisation der Beobachtungs- bzw. Definitionsmöglichkeiten symbolisieren. Ebenso wie man nach der Relativitätstheorie erkennt, daß die Zweckmäßigkeit der scharfen, von unseren Sinnen verlangten Trennung zwischen Raum und Zeit nur darauf beruht, daß die gewöhnlich vorkommenden relativen Geschwindigkeiten klein sind gegenüber der Geschwindigkeit des Lichts, dürfte die Entdeckung der Quantentheorie die Erkenntnis gebracht haben, daß die Angemessenheit der ganzen kausalen raumzeitlichen Anschauungsweise nur von der Kleinheit des Wirkungsquantums gegenüber den für die gewöhnlichen Sinnesempfindungen in Betracht kommenden Wirkungen bedingt ist. In der Tat stellt uns bei der Beschreibung der atomaren Phänomene das Quantenpostulat vor die Aufgabe der Ausbildung einer „Komplementaritätstheorie", deren Widerspruchsfreiheit nur durch das Abwägen der Definitions- und Beobachtungsmöglichkeiten beurteilt werden kann.

Diese Auffassung kommt schon zur Geltung bei der vieldiskutierten Frage der Natur des Lichts und der Bausteine der Materie. Was das Licht betrifft, so wird seine raumzeitliche Ausbreitung bekanntlich in sinngemäßer Weise durch die elektromagnetische Lichttheorie dargestellt. Insbesondere werden sowohl die Interferenzerscheinungen im leeren Raum als auch die optischen Eigenschaften materieller Medien in lückenloser Weise durch das wellentheoretische Superpositionsprinzip beherrscht. Nichtsdestoweniger findet die Erhaltung von Energie und Impuls bei der Wechselwirkung von Strahlung und Materie, wie sie bei dem photoelektrischen Effekt und dem Comptoneffekt zum Vorschein kommt, gerade durch die von EINSTEIN entwickelte Lichtquantenvorstellung ihren sinngemäßen Ausdruck. Die Zweifel einerseits an der strengen Aufrechterhaltung des Superpositionsprinzips, andererseits an der allgemeinen Gültigkeit der Erhaltungssätze, zu denen dieser scheinbare Widerspruch Anlaß gegeben hat, sind bekanntlich in entscheidender Weise durch direkte Versuche widerlegt. Diese Sachlage dürfte die Undurchführbarkeit einer kausalen raum-zeitlichen Beschreibung der Lichterscheinungen klarstellen. Soweit wir die Gesetze der raum-zeitlichen Ausbreitung der Lichtwirkungen zu verfolgen wünschen, sind wir dem Quantenpostulat zufolge auf statistische Betrachtungen angewiesen. Demgegenüber bedeutet die Aufrechterhaltung der Kausalitätsforderung bei den einzelnen, durch das Wirkungsquantum gekennzeichneten Lichtprozessen einen Verzicht hinsichtlich der raum-zeitlichen Verhältnisse.

Natürlich kann von einer völlig unabhängigen Anwendung der Raum-Zeit-Beschreibung und des Kausalitätsbegriffes niemals die Rede sein. Vielmehr stellen die beiden Auffassungen der Natur des Lichtes zwei verschiedene Versuche einer Anpassung der experimentellen Tatsachen an unsere gewöhnliche Anschauungsweise dar, durch welche die Begrenzung der klassischen Begriffe in komplementärer Weise zum Ausdruck kommt.

Zu einer analogen Schlußfolgerung führt die Betrachtung der Eigenschaften materieller Teilchen. Die Individualität der elektrischen Elementarteilchen dürfte aus den allgemeinsten Erfahrungen hervorgehen. Nichtsdestoweniger ist man gezwungen, um verschiedene Tatsachen, namentlich die kürzlich entdeckte selektive Reflexion von Elektronen an Metallkrystallen, zu erklären, das wellentheoretische Superpositionsprinzip heranzuziehen, wie es den ursprünglichen Ideen von L. DE BROGLIE entspricht. Ähnlich wie bei dem Licht stehen wir also, solange wir uns an klassische Begriffe halten, auch bei der Frage des Wesens der Materie vor einem unvermeidbaren Dilemma, das eben als ein sinngemäßer Ausdruck für die Analyse des Erfahrungsmaterials zu betrachten sein dürfte. In der Tat handelt es sich hier nicht um einander widersprechende, sondern um komplementäre Auffassungen der Erscheinungen, die erst zusammen eine naturgemäße Verallgemeinerung der klassischen Beschreibungsweise darbieten. Bei der Diskussion dieser Fragen darf nicht außer acht gelassen werden, daß es sich, sowohl bei der Strahlung im leeren Raum wie bei den isolierten materiellen Partikeln, gemäß der hier vertretenen Auffassung um Abstraktionen handelt, weil ihre Eigenschaften zufolge des Quantenpostulats nur durch ihre Wechselwirkung mit anderen Systemen der Definition und Beobachtung zugänglich sind. Nichtsdestoweniger bilden diese Abstraktionen, wie wir sehen werden, ein unentbehrliches Mittel, dem Inhalt der Erfahrungen im Anschluß an unsere gewöhnliche Anschauung Ausdruck zu geben.

Die Schwierigkeiten, die in der Quantentheorie einer kausalen raumzeitlichen Beschreibung entgegenstehen und die seit langem Gegenstand der Diskussion gewesen, sind in letzter Zeit durch die Entwicklung der neuen symbolischen Methoden in den Vordergrund des Interesses gerückt. Ein wichtiger Beitrag zur Frage der widerspruchsfreien Anwendung dieser Methoden wurde neuerdings von HEISENBERG gegeben. In dieser Verbindung hat er besonders die eigentümliche reziproke Unsicherheit betont, die jeder Messung atomarer Größen anhaftet. Bevor wir auf seine Betrachtungen näher eingehen, wird es aber zweckmäßig sein, zu zeigen, wie der in dieser Unsicherheit hervortretende komplementäre Zug der Beschreibung schon bei einer Analyse der einfachsten Begriffe, welche der Deutung der Erfahrungen zugrunde liegen, als unvermeidbar erscheint.

§ 2. Wirkungsquantum und Kinematik.

Der grundsätzliche Gegensatz zwischen Wirkungsquantum und klassischen Begriffen erhellt sofort aus den einfachen Formeln, welche die gemeinsame Grundlage der Lichtquantentheorie und der Wellentheorie materieller Teilchen bilden. Bezeichnen wir die PLANCKsche Konstante mit h, so haben wir bekanntlich

$$E\tau = I\lambda = h, \tag{1}$$

wo E und I Energie und Impuls, τ und λ die zugeordnete Schwingungsdauer und Wellenlänge bedeuten. In diesen Formeln stehen die zwei erwähnten Auffassungen des Lichts und der Materie einander schroff gegenüber. Während Energie und Impuls dem Partikelbegriff angehören und also nach der klassischen Auffassung durch Raum-Zeit-Koordinaten gekennzeichnet werden können, so beziehen sich Schwingungsdauer und Wellenlänge auf einen in raum-zeitlicher Hinsicht unbegrenzten ebenen harmonischen Wellenzug. Erst die Heranziehung des Superpositionsprinzips ermöglicht einen Anschluß an die gewöhnliche Beschreibungsweise. In der Tat kann eine Begrenzung der raum-zeitlichen Ausdehnung der Wellenfelder immer als Folge der Interferenz innerhalb einer Gruppe von harmonischen Elementarwellen aufgefaßt werden. Wie von DE BROGLIE nachgewiesen, läßt sich nun die Translationsgeschwindigkeit der den Wellen zugeordneten Individuen eben durch die sog. Gruppengeschwindigkeit repräsentieren. Bezeichnen wir eine ebene Elementarwelle mit

$$A \cos 2\pi (t\nu - x\sigma_x - y\sigma_y - z\sigma_z + \delta),$$

wo A und δ Konstante sind, die bzw. Amplitude und Phase bestimmen. Die Größe $\nu = \frac{1}{\tau}$ ist die Schwingungszahl, σ_x, σ_y, σ_z sind die Wellenzahlen in Richtung der Koordinaten und können als Komponenten der Wellenzahl $\sigma = \frac{1}{\lambda}$ in der Fortpflanzungsrichtung betrachtet werden. Während $\frac{\nu}{\sigma}$ die Wellen- oder Phasengeschwindigkeit darstellt, ist die Gruppengeschwindigkeit durch $\frac{d\nu}{d\sigma}$ definiert. Nach der Relativitätstheorie haben wir nun für eine Partikel mit der Geschwindigkeit v

$$I = \frac{v}{c^2} E \quad \text{und} \quad v\, dI = dE,$$

wo c die Lichtgeschwindigkeit bezeichnet. Nach Formel (1) ist also die Phasengeschwindigkeit gleich $\frac{c^2}{v}$ und die Gruppengeschwindigkeit gleich v. Der Umstand einerseits, daß erstere im allgemeinen größer ist als die Lichtgeschwindigkeit, weist direkt auf den symbolischen Charakter der Betrachtungen hin. Andererseits gibt die Möglichkeit, die Partikelgeschwindigkeit mit der Gruppengeschwindigkeit zu identifizieren, einen Hinweis auf das Anwendungsgebiet von Raum-Zeit-Bildern in der Quantentheorie. Hier zeigt sich zugleich der komplementäre Charakter der Beschreibung, denn die Verwendung von Wellengruppen bringt notwendigerweise eine Unschärfe in der Definition von Schwingungsdauer und Wellenlänge mit sich und also auch in der Definition der nach den Relationen (1) zugeordneten Energie- und Impulsgrößen.

Ein begrenztes Wellenfeld läßt sich strenggenommen nur durch Überlagerung von einer Mannigfaltigkeit von Elementarwellen darstellen, die allen möglichen Werten von ν und σ_x, σ_y, σ_z entsprechen. Der Größenordnung nach ist aber die mittlere Differenz dieser Werte bei zwei Elementarwellen der Gruppe im günstigsten Fall durch die Bedingung gegeben

$$\Delta t \, \Delta \nu = \Delta x \, \Delta \sigma_x = \Delta y \, \Delta \sigma_y = \Delta z \, \Delta \sigma_z = 1,$$

wo Δt, Δx, Δy, Δz die Ausdehnung des Wellenfeldes in der Zeit und der den Koordinatenachsen entsprechenden Raumrichtungen angeben. Diese aus der Theorie der optischen Instrumente — besonders aus den von RAYLEIGH herrührenden Betrachtungen über das Auflösungsvermögen von Spektralapparaten — wohlbekannten Relationen drücken die Bedingung aus, daß die Wellenzüge sich auf der raum-zeitlichen Grenzfläche des Wellenfeldes durch Interferenz auslöschen können. Sie kann auch dahin gedeutet werden, daß der Gruppe als ganzem keine Phase zukommt in dem Sinne, wie es bei den einzelnen Elementarwellen der Fall ist. Aus Formel (1) folgt also

$$\Delta t \, \Delta E = \Delta x \, \Delta I_x = \Delta y \, \Delta I_y = \Delta z \, \Delta I_z = h \qquad (2)$$

als Ausdruck für die größtmögliche Genauigkeit der Definition von Energie und Impuls der dem Wellenfeld zugeordneten Individuen. Im allgemeinen werden allerdings die Verhältnisse für die Zuordnung eines Energie- und Impulswertes mittels Formel (1) zu einem Wellenfeld noch weniger günstig sein. Auch wenn die Beschaffenheit der Wellengruppe anfänglich die Relationen (2) erfüllt, so wird im Laufe der Zeit ihre Ausdehnung solchen Änderungen unterliegen, daß sie zur Darstellung eines Individuums immer weniger geeignet wird. Eben in diesem Umstand ist ja der paradoxale Charakter der Frage der Natur des Lichts und der materiellen Teilchen begründet. Übrigens hängt die durch die Relation (2) ausgedrückte Begrenzung der klassischen Begriffe nahe zusammen mit der beschränkten Gültigkeit der klassischen Mechanik, die in der Wellentheorie der Materie der geometrischen Optik entspricht, in der die Wellenausbreitung durch „Strahlen" veranschaulicht wird. Nur in diesem Grenzfall lassen sich Energie und Impuls im Anschluß an Raum-Zeit-Bilder eindeutig definieren. Für eine allgemeine Definition dieser Begriffe sind wir direkt auf die Erhaltungssätze hingewiesen, deren sinngemäße Formulierung ein Grundproblem der später zu erwähnenden symbolischen Methoden gewesen ist.

In der Sprache der Relativitätstheorie läßt sich der Inhalt der Relationen (2) in die Aussage zusammenfassen, daß nach der Quantentheorie eine allgemeine reziproke Beziehung besteht zwischen der maximalen Schärfe der Definition der den Individuen zugeordneten Raum-Zeit- bzw. Energie-Impuls-Vektoren. Dieser Sachverhalt dürfte als ein einfacher symbolischer Ausdruck betrachtet werden für die komplementäre Natur der Raum-Zeit-Beschreibung und der Kausalitätsforderung. Gleichzeitig aber erlaubt der allgemeine Charakter dieser Beziehung in gewissem Umfang die Erhaltungssätze mit der raum-zeitlichen Darstellung der Beobachtungen zu vereinbaren, indem anstatt von in einem Raum-Zeit-Punkt zusammenfallenden wohldefinierten Ereignissen die Rede ist von dem Zusammentreffen von ungenau definierten Individuen innerhalb endlicher Raum-Zeit-Gebiete.

Dieser Umstand erlaubt den wohlbekannten Paradoxien zu entgehen, welche die Beschreibung der Streuung der Strahlung durch freie elektrische Teilchen sowie der Zusammenstöße zweier Teilchen kennzeichnen. Nach den klassischen Begriffen verlangt die Beschreibung der Streuung eine endliche Ausdehnung der Strahlung in Raum und Zeit, während bei der vom Quantenpostulat geforderten Änderung der Bewegung des Elektrons scheinbar die Rede ist von einer momentanen, in einem Raumpunkt sich abspielenden Wirkung. Ebensowenig wie bei der Strahlung lassen sich aber beim Elektron Impuls und Energie definieren, ohne ein endliches Raum-Zeit-Gebiet in Betracht zu ziehen. Weiter setzt die Anwendung des Erhaltungssatzes auf den Prozeß voraus, daß die Genauigkeit der Definition des Impuls-Energie-Vektors für Strahlung und Elektron dieselbe ist. Nach (2) kann also bei der Wechselwirkung beiden Individuen dasselbe Raum-Zeit-Gebiet zugeordnet werden.

Ganz Analoges gilt für den Stoß zwischen zwei materiellen Teilchen; allerdings war vor der Erkenntnis der Unentbehrlichkeit der Wellenvorstellung die Bedeutung des Quantenpostulats für diese Erscheinung nicht beachtet. In der Tat vertritt hier dieses Postulat die über die raum-zeitliche Beschreibung hinausgehende, der Kausalitätsforderung entgegenkommende Annahme der Individualität der Teilchen. Während der Vorstellung der Lichtquanten nur durch die Erhaltungssätze von Energie und Impuls ein greifbarer Inhalt zukommt, ist bei den elektrischen Elementarteilchen in dieser Beziehung noch die Erhaltung der Elektrizitätsladung zu berücksichtigen. Es braucht kaum bemerkt zu werden, daß bei der näheren Beschreibung der Wechselwirkung der Individuen wir uns nicht mit den durch die Formeln (1) und (2) ausgedrückten Tatsachen begnügen können, sondern Hilfsmittel heranziehen müssen, welche erlauben, die für diese Wechselwirkung maßgebende Koppelung, wo gerade die Bedeutung der Elektrizitätsladung zum Vorschein kommt, in Betracht zu nehmen. Wie wir unten sehen werden, fordern diese Hilfsmittel aber einen noch weitergehenden Verzicht auf Anschaulichkeit im gewöhnlichen Sinne.

§ 3. Messungen in der Quantentheorie.

In seiner bereits erwähnten Untersuchung der Widerspruchsfreiheit der quantentheoretischen Methoden hat HEISENBERG die Relation (2) aufgestellt als Ausdruck der größtmöglichen Genauigkeit, mit welcher auf einmal Raum-Zeit-Koordinaten und Impuls-Energie-Werte einer Partikel gemessen werden können. Er stützt sich dabei auf die folgende Betrachtung: Einerseits läßt sich, etwa mittels eines optischen Instrumentes, die Lage einer Partikel mit jeder gewünschten Genauigkeit messen, wenn bei der Abbildung nur Strahlung von genügend kurzer Wellenlänge benutzt wird. Nach der Quantentheorie ist aber die Streuung der Strahlung vom Objekt immer mit einer endlichen Impulsänderung verbunden, die um so größer ist, je kürzer die Wellen sind. Andererseits kann der Impuls einer Partikel etwa durch Messung seiner Geschwindigkeit durch den Dopplereffekt der Streustrahlung mit jeder gewünschten Genauigkeit gemessen werden, wenn nur das benutzte Licht so langwellig ist, daß der Rückstoß vernachlässigt werden kann; dann wird aber die Ortsbestimmung entsprechend ungenau.

Der Kern dieser Betrachtungen ist die Betonung der Unumgänglichkeit des Quantenpostulats bei der Beurteilung der Messungsmöglichkeiten. Indessen dürfte eine genauere Untersuchung der Definitionsmöglichkeiten jedoch erforderlich sein, um den komplementären Charakter der Beschreibung allseitig zum Ausdruck zu bringen. An sich würde eine unstetige Änderung von Energie und Impuls der Partikel beim Beobachtungsprozeß uns ja nicht verhindern, vor wie nach dem Prozesse sowohl Raum-Zeit-Koordinaten wie Impuls-Energie-Größen genau angebbare Werte zuzuschreiben. Die reziproke Unsicherheit, die den Angaben solcher Werte stets anhaftet, ist, wie aus den obigen Auseinandersetzungen hervorgeht, vor allem von der begrenzten Genauigkeit bedingt, mit der Energie- und Impulsänderungen definiert werden können, wenn die zur Beobachtung benutzten Wellenfelder eine für die Festlegung der Raum-Zeit-Koordinaten der Partikel genügende Begrenzung haben sollen.

Bei der Lagebestimmung mittels eines optischen Instruments muß in dieser Verbindung daran gedacht werden, daß die Abbildung immer auf der Benutzung eines konvergenten Strahlenbündels beruht. Bedeutet λ die Wellenlänge des Lichts, so ist das Auflösungsvermögen eines Mikroskops durch den bekannten Ausdruck $\frac{\lambda}{2\varepsilon}$ gegeben, wo ε die sog. numerische Apertur bezeichnet, d. h. den Sinus des halben Öffnungswinkels. Selbst wenn zur Beleuchtung des Objekts paralleles Licht benutzt wird und also der Impuls $\frac{h}{\lambda}$ des einfallenden Lichtquants auch der Richtung nach bekannt ist, wird die endliche Apertur uns verhindern, den bei der Streuung auftretenden Rückstoß genau zu kennen. War auch der Impuls des Partikels vor dem Streuungsprozeß genau bekannt, so wird also unserer Kenntnis seiner Impulskomponente in der Objektebene nach der Beobachtung eine Unsicherheit anhaften, die offenbar $\frac{2\varepsilon h}{\lambda}$ ist. Das Produkt der Genauigkeit, mit welcher Lagekoordinate und Impulskomponente in eine bestimmte Richtung angegeben werden können, ist also eben durch die Formel (2) ausgedrückt. Man könnte denken, daß für die Beurteilung der Genauigkeit der Lagebestimmung nicht nur die Konvergenz, sondern auch die Länge des Wellenzugs von Bedeutung wäre, indem das Teilchen während der endlichen Beleuchtungszeit seine Lage ändern könnte. Da jedoch die genaue Kenntnis der Wellenlänge des Lichts für die obige Abschätzung nicht wesentlich ist, sieht man leicht ein, daß der Wellenzug bei jeder Apertur so kurz gewählt werden kann, daß eine Lageänderung des Teilchens während der Beobachtung vernachlässigt werden kann, verglichen mit der von dem Auflösungsvermögen definierten Genauigkeitsgrenze der Lagebestimmung.

Im Falle einer Impulsmessung mittels Dopplereffekts — unter Berücksichtigung des Comptoneffekts — wird man sich eines parallelen Wellenzugs bedienen. Für die Genauigkeit, mit der die Wellenlängenänderung der Streustrahlung gemessen werden kann, ist aber die Ausdehnung des Wellenzugs in der Fortpflanzungsrichtung wesentlich. Nehmen wir an, daß die Richtungen der einfallenden und gestreuten Strahlung bzw. dieselbe und die entgegengesetzte wie die Richtung der zu messenden Lage- und Impulskomponente sind, so kann $\frac{c\lambda}{2l}$ als Maß der Genauigkeit der Geschwindigkeitsmessung betrachtet werden, wo l die Länge des Wellenzugs bezeichnet. Dabei ist die Lichtgeschwindigkeit der Einfachheit wegen als groß gegenüber der Partikelgeschwindigkeit angenommen. Ist m die Masse des Partikels, so ist also die Unsicherheit, die der Angabe des Impulses nach der Beobachtung anhaftet, gleich $\frac{cm\lambda}{2l}$. In diesem Falle ist die Größe des Rückstoßes $\frac{2h}{\lambda}$ genügend wohl definiert, um zu keiner merklichen Unsicherheit in der Angabe des Impulses des Partikels nach der Beobachtung Anlaß zu geben. In der Tat erlaubt die allgemeine Theorie des Comptoneffekts die Geschwindigkeitskomponenten in Richtung der Strahlung vor und nach der Impulsänderung aus den Wellenlängen der einfallenden und gestreuten Strahlung zu berechnen. Wenn auch anfänglich die Lagekoordinaten der Partikel genau bekannt waren, wird aber eine Unsicherheit in der Angabe der Lage nach der Beobachtung bestehen. Wegen der Unmöglichkeit, dem Rückstoß einen genauen Zeitpunkt zuzuschreiben, können wir nämlich die mittlere Geschwindigkeit in der

Beobachtungsrichtung während des Streuprozesses nur mit einer Genauigkeit $\frac{2h}{m\lambda}$ kennen. Die Unsicherheit der Lageangabe nach der Beobachtung ist daher $\frac{2hl}{mc\lambda}$. Auch hier ist also das Produkt der Genauigkeiten der Lage- und Impulsmessung durch die allgemeine Formel (2) gegeben.

Ebenso wie bei der Lagebestimmung läßt sich die Dauer des Beobachtungsprozesses bei Impulsmessungen beliebig kurz machen, wenn wir nur genügend kurzwellige Strahlung benutzen. Daß dabei der Rückstoß größer wird, beeinträchtigt ja, wie wir gesehen haben, die Meßgenauigkeit nicht. Es mag noch bemerkt werden, daß, wenn wir hier wiederholt von der Geschwindigkeit eines Partikels gesprochen haben, es sich nur um einen in diesem Zusammenhang zweckmäßigen Anschluß an die gewöhnliche Raum-Zeit-Beschreibung handelt. Wie es schon aus den oben angeführten Betrachtungen von DE BROGLIE erhellt, muß der Geschwindigkeitsbegriff stets mit Vorbehalt angewendet werden. Eine eindeutige Definition dieses Begriffes ist ja auch durch das Quantenpostulat ausgeschlossen, was besonders zu bedenken ist, wenn man die Resultate von mehreren aufeinanderfolgenden Beobachtungen vergleicht. Wohl läßt sich der Ort eines Individuums zu zwei gegebenen Zeitpunkten mit jeder gewünschten Genauigkeit angeben. Wenn wir aber daraus in der gewohnten Weise die Geschwindigkeit des Individuums in dem Zwischenintervall berechnen wollen, so haben wir es mit einer Idealisation zu tun, aus der sich keine eindeutigen Schlüsse über das frühere oder zukünftige Verhalten des Individuums ziehen lassen.

Nach den obigen Auseinandersetzungen über die Definitionsmöglichkeiten der Eigenschaften der Individuen wird es, bei der Diskussion der Genauigkeit mit der Lage und Impuls eines Partikels gemessen werden können, offenbar keinen Unterschied ausmachen, wenn anstatt der Streuung von Strahlung Stöße mit materiellen Teilchen herangezogen werden. In beiden Fällen sehen wir, daß die in Frage kommende Unsicherheit ebenso sehr der Beschreibung des Messungsmittels wie derjenigen des Objektes anhaftet. In der Tat ist diese Unsicherheit unvermeidlich bei der Beschreibung des Verhaltens der Individuen in bezug auf ein in gewöhnlicher Weise durch starre Körper und unstörbare Uhren festgelegtes Koordinatensystem. Die Versuchsbedingungen — Öffnen und Schließen von Blenden usw. — erlauben ja nur Schlüsse über die raumzeitliche Ausdehnung der zugeordneten Wellenfelder zu ziehen.

Bei Zurückführung der Beobachtungen auf unsere Sinnesempfindungen kommt das Quantenpostulat nochmals bei der Wahrnehmung des Beobachtungsmittels in Betracht, sei es durch seine direkte Wirkung uaf das Auge oder durch geeignete Hilfsmittel wie Photographieplatten,

WILSONsche Nebelfiguren usw. Man sieht jedoch leicht ein, daß das dabei hinzukommende statistische Element nicht die Unsicherheit der Beschreibung des Objektes beeinflussen wird. Man könnte sogar vermuten, daß die Willkür, was als Objekt und Beobachtungsmittel gerechnet wird, eine Möglichkeit eröffnen könnte, dieser Unsicherheit zu entgehen. Man könnte sich etwa fragen, ob bei der Lagemessung eines Partikels mittels eines optischen Instrumentes nicht der bei der Streuung abgegebene Impuls mittels des Erhaltungssatzes aus einer Messung der Impulsänderungen bestimmt werden könnte, welche das Mikroskop — einschließlich Lichtquelle und Photographieplatte — beim Beobachtungsprozeß erleidet. Eine nähere Untersuchung zeigt jedoch, daß eine solche Messung unmöglich ist, wenn man gleichzeitig die Lage des Mikroskops mit genügender Genauigkeit kennen will. In der Tat folgt aus den Erfahrungen, die in der Wellentheorie der Materie zum Ausdruck kommen, daß die Lage des Schwerpunktes eines Körpers und sein Gesamtimpuls nur innerhalb der durch die Formel (2) angegebenen Genauigkeitsgrenzen definiert werden kann.

Streng genommen ist der Begriff der Beobachtung der kausalen raum-zeitlichen Beschreibungsweise angehörend. Wegen des allgemeinen Charakters der Relation (2) läßt sich jedoch dieser Begriff auch in der Quantentheorie in widerspruchsfreier Weise verwenden, wenn nur die in dieser Relation zum Ausdruck kommende Unsicherheit in Betracht genommen wird. Wie HEISENBERG betont, bekommt man zumal eine lehrreiche Illustration zur quantentheoretischen Beschreibung atomarer (mikroskopischer) Erscheinungen, wenn man diese Unsicherheit mit derjenigen vergleicht, die in der gewöhnlichen Beschreibung der Naturerscheinungen jeder Beobachtung wegen der Unvollkommenheit der Messungen anhaftet. Er bemerkt dabei, daß man schon bei den makroskopischen Vorgängen in gewissem Sinn sagen kann, daß sie durch wiederholte Beobachtungen entstehen. Es darf jedoch nicht vergessen werden, daß nach den klassischen Theorien jede nachfolgende Beobachtung den weiteren Verlauf der Erscheinungen mit immer größerer Sicherheit vorauszusehen erlaubt, indem sie eine stets genauere Kenntnis des Anfangszustandes des Systems bedeutet. Nach der Quantentheorie kommt eben wegen der nicht zu vernachlässigenden Wechselwirkung mit dem Meßmittel bei jeder Beobachtung ein ganz neues unkontrollierbares Element hinzu. Wie aus den obigen Auseinandersetzungen hervorgeht, ist ja die Messung der Lagekoordinaten eines Teilchens nicht nur mit einer endlichen Änderung der dynamischen Variablen verbunden, sondern die Festlegung seiner Lage bedeutet einen vollständigen Bruch in der kausalen Beschreibung seines dynamischen Verhaltens, ebenso wie die Kenntnis seines Impulses stets auf Kosten einer unausfüllbaren Lücke in der Verfolgung seiner raum-zeitlichen Fortpflanzung gewonnen wird. Eben dieser Umstand bringt deutlich den komplementären Charakter der quantentheoretischen Beschreibung atomarer Phänomene zutage, der als unmittelbare Folge des Gegensatzes zwischen dem Quantenpostulat und der den Beobachtungsbegriff kennzeichnenden Trennung zwischen Gegenstand und Messungsmittel zu betrachten ist.

§ 4. Korrespondenzprinzip und Matrixtheorie.

Bisher haben wir nur gewisse allgemeine Züge des Quantenproblems ins Auge gefaßt. Dem Wesen der Sache nach liegt aber das Hauptgewicht darauf, die Gesetze der Wechselwirkung der durch die Abstraktionen der isolierten Partikel sowie der Strahlung symbolisierten Gegenstände zu formulieren. Anhaltspunkte für diese Formulierung hat zunächst das Problem des Atombaues geliefert. Bekanntlich ist es hier möglich gewesen, schon mittels einer einfachen Anwendung der klassischen Begriffe, wesentliche Seiten der Erfahrung in direkter Anlehnung an das Quantenpostulat zu beleuchten. Dies beruht vor allem auf dem Umstand, daß für diese Fragen von einer näheren Beschreibung des raum-zeitlichen Verlaufs der Prozesse abgesehen werden kann. Zum Beispiel werden die Experimente über Anregung von Spektren durch Elektronenstoß oder Bestrahlung in sinngemäßer Weise wiedergegeben durch die Annahme diskreter stationärer Zustände und individueller Übergangsprozesse.

Es tritt hierbei der Gegensatz zu der gewöhnlichen Beschreibungsweise besonders schroff zutage, indem Spektrallinien, die nach der klassischen Auffassung demselben Zustand des Atoms zuzuschreiben wären, nach dem Quantenpostulat verschiedenen Übergangsprozessen entsprechen, die sich dem Atom nach der Anregung zur Wahl darbieten. Ungeachtet dieses Gegensatzes konnte jedoch ein formaler Anschluß an die klassischen Vorstellungen in den Grenzfällen erreicht werden, wo der relative Unterschied der Eigenschaften benachbarter Zustände asymptotisch verschwindet und wo bei statistischen Anwendungen die Diskontinuitäten vernachlässigt werden können. Dieser Anschluß ermöglichte an der Hand der Quantentheorie, in weitem Umfang die Gesetzmäßigkeiten der Spektren in Verbindung mit unseren Vorstellungen vom Atombau zu deuten.

Die Bestrebungen, in der Quantentheorie eine sinngemäße Verallgemeinerung der klassischen Theorien zu erblicken, führte zu der Aufstellung des sog. Korrespondenzprinzips. Die Verwertung dieses Prinzips für die Deutung der spektralen Ergebnisse beruhte auf einer symbolischen Benutzung der klassischen Elektrodynamik, bei der die einzelnen Übergangsprozesse an je eine der harmonischen Schwingungskomponenten der nach der gewöhnlichen Mechanik zu erwartenden Bewegung der Atomteilchen zugeordnet wurden. Außer in der erwähnten Grenze, wo der relative Unterschied aufeinanderfolgender stationärer Zustände vernachlässigt werden kann, erlaubte eine solche stückweise Anwendung der klassischen Theorien doch nur in gewissen Fällen eine streng quantitative Beschreibung der Erscheinungen. Hier sei besonders an die von LADENBURG und KRAMERS hergestellte Verbindung zwischen der klassischen Behandlung der Dispersionsphänomene und den von EINSTEIN entwickelten statistischen Gesetzen für die den Strahlungserscheinungen zugeordneten Übergangsprozesse erinnert. Obwohl eben KRAMERS' Behandlung des Dispersionsproblems bedeutungsvolle Ansätze geliefert hat zu einer sinngemäßen Ausbildung der Korrespondenzbetrachtungen, haben sich erst mit Hilfe der in den letzten Jahren geschaffenen quantentheoretischen Methoden die in dem Korrespondenzprinzip enthaltenen Bestrebungen allgemein durchführen lassen.

Bekanntlich wurde die neue Entwicklung durch eine grundlegende Arbeit von HEISENBERG eingeleitet, worin es ihm gelang, sich von dem klassischen Bewegungsbegriff völlig frei zu machen, indem die gewöhnlichen kinematischen und mechanischen Größen von Anfang an durch Symbole ersetzt wurden, die sich direkt auf die von dem Quantenpostulat geforderten individuellen Prozesse beziehen. Dies wurde dadurch erreicht, daß die Fourierentwicklung einer klassisch-mechanischen Größe nach der Zeit durch ein Matrixschema ersetzt wurde, dessen Elemente rein harmonische Schwingungen symbolisieren und den möglichen Übergängen zwischen stationären Zuständen zugeordnet sind. Auf Grund der Forderung, daß die den Elementen zugeordneten Frequenzen stets dem Kombinationsprinzip der Spektrallinien genügen müssen, bieten sich, wie HEISENBERG zeigen konnte, einfache Rechenregeln für die Symbole dar, die eine direkte quantentheoretische Umschreibung der Grundgleichungen der klassischen Mechanik erlauben. Dieser kühne und sinnreiche Angriff auf das dynamische Problem der Atomtheorie zeigte sich von Anfang an als ein äußerst kräftiges und fruchtbares Mittel zur quantitativen Deutung der experimentellen Ergebnisse. Durch die Mitarbeit von BORN und JORDAN sowie von DIRAC wurde der Theorie eine Formulierung gegeben, die, was Geschlossenheit und Allgemeinheit betrifft, mit der klassischen Mechanik wetteifern kann. Es ist dabei ein besonderes Merkmal, daß das für die Quantentheorie charakteristische Element, die PLANCKsche Konstante, explizite nur in den Rechenregeln auftritt, denen die Symbole unterworfen sind. In der Tat gilt für die Matrizen, die kanonisch konjugierten Variablen im Sinne der HAMILTONschen Gleichungen entsprechen, nicht das Gesetz der kommutativen Multiplikation, sondern für zwei solche Größen q und p gilt die Vertauschungsregel

$$pq - qp = \sqrt{-1}\frac{h}{2\pi}\,;\qquad (3)$$

eine Relation, die den symbolischen Charakter der Theorie schlagend zum Ausdruck bringt. Die Matrixtheorie ist oft als Rechnen mit direkt beobachtbaren Größen bezeichnet. Es ist indessen zu bedenken, daß das beschriebene Verfahren eben auf solche Probleme beschränkt ist, wo bei der Anwendung des Quantenpostulats ein weitgehender Verzicht auf eine Raum-Zeit-Beschreibung möglich ist, und deshalb die Frage der Beobachtung im eigentlichen Sinne in den Hintergrund tritt.

Für die weitere Verfolgung der Korrespondenz der Quantengesetze zur klassischen Mechanik ist die Betonung des von dem Quantenpostulat bedingten statistischen Charakters der quantentheoretischen Beschreibung von grundsätzlicher Bedeutung gewesen. Ein großer Fortschritt wurde hier erreicht durch die Verallgemeinerung der symbolischen Methode durch DIRAC und JORDAN, denen es gelang, mit Matrizen zu operieren, die nicht nach den stationären Zuständen geordnet sind, sondern wo die zulässigen Werte irgendwelcher Variablen als Indizes der Matrixelemente auftreten können. Ebenso wie in der ursprünglichen Form der Theorie die „Diagonalelemente", welche sich auf nur einen stationären Zustand beziehen, als Zeitmittelwerte der darzustellenden Größe gedeutet werden können, erlaubt die allgemeine Transformationstheorie der Matrizen, Mittelwerte einer mechanischen Größe darzustellen, bei deren Berechnung eine Anzahl den „Zustand" charakterisierende Variablen gegebene Werte haben, während die kanonisch konjugierten Variablen alle möglichen Werte durchlaufen. Anschließend an das von diesen Verfassern entwickelte Verfahren, sowie an Gedanken von BORN und PAULI, hat nun HEISENBERG in der schon anfangs erwähnten Arbeit eine nähere Analyse des physikalischen Inhalts der Quantentheorie versucht, mit besonderem Hinblick auf den scheinbar paradoxalen Charakter der Vertauschungsrelation (3). In dieser Verbindung hat er die Beziehung

$$\Delta q \, \Delta p \sim h \qquad (4)$$

aufgestellt, welche ganz allgemein die größtmögliche Genauigkeit angeben soll, mit welcher auf einmal zwei kanonisch konjugierte Variablen beobachtet werden können. Auf diesem Wege ist es HEISENBERG gelungen, in sehr interessanter Weise manche Paradoxien zu beleuchten, die bei der Anwendung des Quantenpostulats zum Vorschein kommen und in weitgehendem Umfang die Widerspruchsfreiheit der symbolischen Methode nachzuweisen.

In Zusammenhang mit der hier betonten komplementären Natur der quantentheoretischen Beschreibung sind, wie oft erwähnt, bei der Beurteilung ihrer Widerspruchsfreiheit stets die Beobachtungs- und Definitionsmöglichkeiten zusammen ins Auge zu fassen. Eben bei der Diskussion dieser Frage hat, wie wir sehen werden, die von SCHRÖDINGER entwickelte Methode der Wellenmechanik sich als sehr hilfreich erwiesen, indem sie auch für Teilchen in Wechselwirkung eine allgemeine Anwendung des Superpositionsprinzips gestattet und daher einen unmittelbaren Anschluß erlaubt an die Betrachtungen über Strahlung und freie Partikel. Im folgenden werden wir auf das Verhältnis der Wellenmechanik zu der allgemeinen Formulierung der Quantengesetze mittels der Transformationstheorie der Matrizen zurückkommen.

§ 5. Wellenmechanik und Quantenpostulat.

Bei seinen Betrachtungen über die Wellenbeschreibung der materiellen Teilchen hat DE BROGLIE von Anfang an auf die Möglichkeit hingewiesen, die stationären Zustände des Atoms als eine Interferenzerscheinung der den gebundenen Elektronen zugeordneten Phasenwellen zu veranschaulichen. Zwar führte dieser Gesichtspunkt in quantitativer Hinsicht zunächst nicht weiter als die älteren, auf die Anwendung klassisch-mechanischer Begriffe fußenden Methoden der Quantentheorie, zu deren Ausbildung besonders SOMMERFELD beigetragen hat. SCHRÖDINGER gelang es aber, eine wellentheoretische Methode auszubilden, die neue Ausblicke eröffnet hat, und die von ausschlaggebender Bedeutung für die großen Fortschritte der Atomtheorie in der letzten Zeit gewesen ist. Bekanntlich liefern die Eigenschwingungen der SCHRÖDINGERschen Wellengleichung eine sinngemäße Repräsentation der stationären Zustände im Atom. Dabei wird die Energie jedes Zustandes mit der zugeordneten Schwingungsperiode nach der allgemeinen Quantenrelation (1) verknüpft. Auch gibt eine Abzählung der Knoten der Eigenschwingungen eine einfache Deutung des schon aus den älteren Methoden bekannten Begriffs der Quantenzahl, der aber in der Matrixformulierung zunächst verschwunden war. Weiter konnte SCHRÖDINGER den Lösungen der Wellengleichung eine kontinuierliche Elektrizitäts- und Stromdichte zuordnen, welche, auf eine Eigenschwingung angewandt, die elektrostatischen und magnetischen Eigenschaften des Atoms in dem entsprechenden stationären Zustand wiedergibt. In derselben Weise entspricht der Überlagerung zweier Eigenlösungen eine Schwingung kontinuierlich verteilter elektrischer Ladung, deren gemäß der klassischen Elektrodynamik berechnete Ausstrahlung eine lehrreiche Illustration zu den Folgerungen des Quantenpostulats und der durch die Matrixtheorie formulierten Korrespondenzforderung betreffs des Übergangsprozesses zwischen zwei Zuständen liefert. Eine für die weitere Entwicklung bedeutungsvolle Anwendung der SCHRÖDINGERschen Methode wurde von BORN gegeben durch seine Untersuchungen über das Problem des Zusammenstoßes von Atomen und freien elektrischen Teilchen. In diesem Zusammenhang gelang es ihm, eine statistische Deutung der Wellenfunktionen anzugeben, die die Wahrscheinlichkeit der vom Quantenpostulat geforderten individuellen Übergangsprozesse zwischen stationären Zuständen zu berechnen erlaubt. Dies bedeutet auch eine wellenmechanische Formulierung des EHRENFESTschen Adiabatenprinzips, dessen Fruchtbarkeit besonders aus den vielversprechenden Untersuchungen von HUND über das Problem der Molekülbildung hervorgeht.

Im Hinblick auf diese Resultate hat SCHRÖDINGER die Hoffnung ausgesprochen, daß eine konsequente Ausbildung der Wellentheorie es ermöglichen würde, die in dem Quantenpostulat enthaltene Irrationalität ganz zu vermeiden und allmählich eine Beschreibung der Atomphänomene nach den Richtlinien der klassischen Theorien auszubilden. Als Stütze für diese Auffassung hat SCHRÖDINGER in einer neuerlich erschienenen Arbeit die Tatsache betont, daß wir es nach der Wellentheorie mit einem einfachen Resonanzproblem zu tun haben, wenn es sich gemäß dem Quantenpostulat um einen diskontinuierlichen Energieaustausch zwischen Atomen handelt. Insbesondere wäre die Vorstellung der individuellen stationären Zustände eine Täuschung und ihre Anwendbarkeit nur eine Illustration der erwähnten Resonanz. Es ist indessen zu beachten, daß eben bei dem erwähnten Resonanzproblem von einem abgeschlossenen System die Rede ist, das sich nach der hier zugrunde gelegten Auffassung jeder Beobachtung entzieht. Überhaupt ist nach dieser Auffassung die Wellenmechanik — ebenso wie die Matrixtheorie — als eine den Forderungen der Quantentheorie angemessene symbolische Umschreibung des entsprechenden Bewegungsproblems der klassischen Mechanik zu betrachten, die nur durch die explizite Heranziehung des Quantenpostulats gedeutet werden kann. Übrigens dürften die zwei Formulierungen des Wechselwirkungsproblems im Hinblick auf ihre Ausgangspunkte — die Wellen- bzw. Partikelauffassung der freien Individuen — als komplementär bezeichnet werden. Damit hängt auch der scheinbare Gegensatz zusammen, der bei der Verwertung des Energiebegriffs in den beiden Theorien auftritt.

Die grundsätzlichen Schwierigkeiten, die einer raum-zeitlichen Beschreibung eines Systems von Teilchen in Wechselwirkung mit Hilfe der klassischen Begriffe entgegenstehen, erhellen sofort aus der Unentbehrlichkeit des Superpositionsprinzips bei der Beschreibung des Verhaltens der individuellen Teilchen. Wie wir gesehen haben, schließt schon bei einer freien Partikel die Kenntnis von Impuls und Energie die genaue Angabe seiner Raum-Zeit-Koordinaten aus. Dies führt mit sich, daß eine unmittelbare Verwertung des Energiebegriffs im Anschluß an die klassische Vorstellung der potentiellen Energie des Systems ausgeschlossen ist. In der SCHRÖDINGERschen Wellengleichung sind nun diese Schwierigkeiten dadurch umgangen, daß der klassische Ausdruck der HAMILTONschen Funktion als ein Differentialoperator mit Hilfe der Beziehung

$$p = \sqrt{-1}\frac{h}{2\pi}\frac{\partial}{\partial q} \quad (5)$$

ersetzt ist, wo p eine generalisierte Impulskomponente und q die kanonisch konjugierte Variable darstellt. Dabei wird der negative Wert der

Energie als konjugiert zur Zeit betrachtet. In der Wellengleichung sind also sowohl Zeit und Raum als auch Energie und Impuls zunächst rein formal verwertet.

Der symbolische Charakter der SCHRÖDINGERschen Methode erhellt nicht nur daraus, daß ihre Einfachheit, ebenso wie die der Matrixmethode, auf einem wesentlichen Gebrauch von imaginären arithmetischen Größen beruht. Vor allem ist aber schon deshalb keine Rede von einer unmittelbaren Verknüpfung mit unserer gewöhnlichen Anschauung, weil das durch die Wellengleichung dargestellte „geometrische" Problem an den sog. Koordinatenraum geknüpft ist, dessen Dimensionszahl der Anzahl der Freiheitsgrade des Systems gleich ist und also im allgemeinen von der Dimensionszahl 3 des gewöhnlichen Raums verschieden ist. Übrigens unterliegt die Formulierung des Wechselwirkungsproblems durch die SCHRÖDINGERsche Wellengleichung ebenso wie die Matrixformulierung der Quantentheorie der Beschränkung, daß bei dem zugrunde gelegten klassisch-mechanischen Problem abgesehen wird von der nach der Relativitätstheorie geforderten endlichen Ausbreitungsgeschwindigkeit der Kräfte.

Bei dem Wechselwirkungsproblem dürfte das. Verlangen nach Anschaulichkeit im Anschluß an Raum-Zeit-Bilder auch nicht berechtigt sein. In der Tat gründen sich alle unsere Erfahrungen über die Eigenschaften der Atome, soweit sie nicht ihre Bewegung als Ganzes betreffen, auf ihre Strahlungs- und Stoßreaktionen. Letzten Endes wird also die Deutung der Beobachtungen durch die Strahlung im leeren Raum und die freien materiellen Teilchen vermittelt; auf diesen Abstraktionen fußt unsere ganze raum-zeitliche Auffassung der Erscheinungen sowie die Definition der Begriffe Impuls und Energie. Bei der Beurteilung der Anwendung dieser Hilfsmittel kann es nur auf Widerspruchsfreiheit ankommen, wobei vor allem die Definitions- und Beobachtungsmöglichkeiten zu berücksichtigen sind.

Die Eigenschwingungen der SCHRÖDINGERschen Wellengleichung liefern eben deshalb eine geeignete Repräsentation der stationären Zustände des Atoms, weil sie im Anschluß an die allgemeine Quantenrelation (1) eine eindeutige Definition der Energie des Systems erlauben. Dabei ist aber bei der Deutung der Beobachtungen ein weitgehender Verzicht hinsichtlich der Raum-Zeit-Beschreibung unvermeidbar. Wie wir sehen werden, schließt die widerspruchsfreie Anwendung des Begriffs der stationären Zustände auch jede Möglichkeit einer näheren Kenntnisnahme des Verhaltens der einzelnen Partikeln im Atom aus. Bei Problemen, wo eine Beschreibung dieses Verhaltens wesentlich für die Deutung der Beobachtungen ist, sind wir auf eine Untersuchung der allgemeinen Lösung der Wellengleichung hingewiesen, die aus einer Superposition von Eigenlösungen hervorgeht. Es handelt sich hier um eine Komplementarität der Definitionsmöglichkeiten von analoger Art wie bei der früher betrachteten Frage der Eigenschaften des Lichts und der freien materiellen Teilchen. Während die Definition von Energie und Impuls der Individuen an den Begriff einer harmonischen Elementarwelle geknüpft war, beruhte, wie wir sahen, jeder raum-zeitliche Zug der Beschreibung der Phänomene auf einer Betrachtung der Interferenzen, die sich innerhalb einer solchen Gruppe von Elementarwellen abspielen. Auch in dem jetzt betrachteten Fall läßt sich die Übereinstimmung der Beobachtungsmöglichkeiten mit den Möglichkeiten der Definition direkt nachweisen.

Nach dem Quantenpostulat wird eine Beobachtung betreffend des Verhaltens der Elektronen immer mit einer Änderung des Zustandes des Atoms begleitet sein. Wie von HEISENBERG betont, wird bei der Betrachtung von Atomen in stationären Zuständen niedriger Quantenzahlen diese Änderung sogar im allgemeinen in dem Hinauswerfen des betreffenden Elektrons aus dem Atom bestehen. Eine Beschreibung der „Bahn" des Elektrons im Atom durch nacheinanderfolgende Beobachtung ist also in einem solchen Fall ausgeschlossen. Dies hängt mit dem Umstand zusammen, daß aus Eigenschwingungen mit wenigen Knoten keine Wellengruppe aufgebaut werden kann, die die „Bewegung" eines Partikels auch nur annähernd repräsentieren kann. Die komplementäre Natur der Beschreibung kommt jedoch vor allem darin zum Ausdruck, daß die eindeutige Verwertung von Beobachtungen über das Verhalten der Partikeln im Atom stets auf der Möglichkeit beruht, während des Beobachtungsprozesses die Wechselwirkung zu vernachlässigen und die Partikeln als frei zu betrachten. Dies erfordert aber, daß die Dauer des Prozesses kurz ist gegenüber den natürlichen Perioden des Atoms, was zwangläufig eine Unsicherheit in der Kenntnis der in dem Prozeß überführten Energie mit sich bringt, die groß ist im Vergleich mit den Energiedifferenzen benachbarter stationärer Zustände.

Bei der Beurteilung der Beobachtungsmöglichkeiten muß überhaupt daran erinnert werden, daß den wellenmechanischen Lösungen nur insofern eine anschauliche Deutung beigelegt werden kann, als sie mit Hilfe des Begriffs der freien Partikeln beschreibbar sind. Gerade hier kommt der Unterschied zwischen der klassischen Mechanik und der quantentheoretischen Behandlung des Wechselwirkungsproblems zutage. In der ersteren ist deshalb ein solcher Vorbehalt nicht nötig, weil ja hier der Partikel eine unmittelbare „Realität" zugeschrieben wird, unabhängig davon, ob sie frei oder gebunden ist. Diese Sachlage ist vor allem zu beachten bei der widerspruchsfreien Verwertung der SCHRÖDINGERschen Elektrizitätsdichte als Maß für die Wahrscheinlichkeit der Anwesenheit der Elektronen innerhalb bestimmter Raumgebiete im Atom. Unter dem erwähnten Vorbehalt läßt sich diese Deutung unmittelbar auf die Annahme zurückführen, daß die Wahrscheinlichkeit der Anwesenheit eines freien Elektrons durch die dem Wellenfeld zugeordnete Elektrizitätsdichte in analoger Weise bestimmt ist wie die Wahrscheinlichkeit der Anwesenheit eines Lichtquants von der wellentheoretisch berechneten Strahlungsdichte.

Wie schon erwähnt, ist das Mittel für eine allgemeine widerspruchsfreie Verwertung der klassischen Begriffe in der Quantentheorie durch die DIRAC-JORDANsche Transformationstheorie geschaffen, mit deren Hilfe HEISENBERG seine allgemeine Unsicherheitsrelation (4) formuliert hat. Eben in dieser Theorie hat auch die SCHRÖDINGERsche Wellengleichung eine lehrreiche Anwendung gefunden. In der Tat erscheinen hier die Eigenlösungen dieser Gleichung als Hilfsfunktionen, welche die Transformation vermitteln, von Matrizen, wo die Energiewerte des Systems als Indices benutzt werden, zu solchen, wo die Raumkoordinaten der Partikel als Indices herangezogen werden. In dieser Verbindung ist es auch von Interesse, zu erwähnen, daß es JORDAN und KLEIN neulich gelungen ist, zu der in der SCHRÖDINGERschen Wellengleichung enthaltenen Formulierung des Wechselwirkungsproblems zu gelangen, indem sie auf der Wellendarstellung der einzelnen Teilchen fußend, ein symbolisches Verfahren benutzt haben, das sich der von DIRAC in Anlehnung an die Matrixtheorie entwickelten tiefgehenden Behandlung des Strahlungsproblems anschließt, auf das wir unten zurückkommen werden.

§ 6. Realität der stationären Zustände.

Bei dem Begriff der stationären Zustände haben wir es, wie schon erwähnt, mit einer charakteristischen Anwendung des Quantenpostulats zu tun. Seinem Wesen nach verlangt dieser Begriff einen vollständigen Verzicht auf eine Zeitbeschreibung. Von dem hier vertretenen Gesichtspunkt aus ist eben dieser Verzicht die Bedingung für eine eindeutige Definition der Energie des Atoms. Streng genommen fordert der Begriff eines stationären Zustandes die Ausschaltung jeder äußeren Wechselwirkung mit nicht zu dem System gehörigen Individuen. Daß einem solchen abgeschlossenen System ein bestimmter Energiewert zugeschrieben wird, kann als unmittelbarer Ausdruck für die in dem Satz der Erhaltung der Energie niedergelegte Kausalitätsforderung angesehen werden. Hierin sehen wir die Berechtigung der der Benutzung des Quantenpostulats auf Fragen des Atombaues unterliegenden Annahme der supramechanischen Stabilität der stationären Zustände, wonach das Atom vor wie nach jeder äußeren Beeinflussung sich in einem wohldefinierten stationären Zustand befindet.

Bei der Beurteilung der wohlbekannten Paradoxien, welche diese Annahme für die Beschreibung der Stoß- und Strahlungsreaktionen mit sich bringt, ist es wesentlich, die durch die Relation (2) ausgedrückte Beschränkung der Definitionsmöglichkeiten der Reaktionsmittel in Betracht zu ziehen. In der Tat verlangt eine Definition der Energie der reagierenden Individuen, die genügend genau ist, um über Energieerhaltung bei der Reaktion reden zu können, nach dieser Relation die Zuordnung einer Zeitdauer zu der Reaktion, die lang ist verglichen mit der dem Übergangsprozeß zugeordneten Periode, welche nach (1) mit den Energiedifferenzen der stationären Zustände zusammenhängt. Dieser Sachverhalt kommt in interessanter Weise zur Geltung bei der Betrachtung der Prozesse, die sich beim Durchgang schnell bewegter Teilchen durch ein Atom abspielen. Nach der gewöhnlichen Kinematik wäre ja hier die effektive Stoßzeit sehr klein gegenüber den natürlichen Perioden des Atoms, und es schienen daher grundsätzliche Schwierigkeiten damit verbunden zu sein, den Erhaltungssatz mit der Annahme der Stabilität der stationären Zustände zu vereinbaren (vgl. Artikel I, S. 22). In der Wellendarstellung dagegen ist die in Betracht kommende Reaktionszeit unmittelbar mit der Genauigkeit der Kenntnis der Energie des stoßenden Teilchens verbunden, und es kann von einem Widerspruch gegen den Erhaltungssatz nie die Rede sein. In Zusammenhang mit der Diskussion von Paradoxien der besprochenen Art hat CAMPBELL vorgeschlagen, den Zeitbegriff selber als wesentlich statistisch zu betrachten. Nach der hier vertretenen Auffassung, wobei die Grundlage der Raum-Zeit-Beschreibung in der Abstraktion der freien Individuen zu suchen ist, dürfte jedoch wegen der Relativitätsforderung eine solche grundsätzliche Trennung der Begriffe Zeit und Raum nicht durchführbar sein. Die Sonderstellung der Zeit in Verbindung mit dem Begriff der stationären Zustände dürfte, wie wir gesehen haben, in der speziellen Art der betreffenden Probleme begründet sein.

Die Anwendung des Begriffs der stationären Zustände verlangt, daß in jeder Beobachtung, etwa mit Hilfe von Stoß- oder Strahlungsreaktionen, die zwischen verschiedenen stationären Zuständen zu unterscheiden erlaubt, es berechtigt ist, von der Vorgeschichte des Atoms abzusehen. Im ersten Augenblick könnte es dabei als eine Schwierigkeit angesehen werden, daß die symbolischen quantentheoretischen Methoden jedem stationären Zustand eine Schwingungsphase zuschreiben, die eine der Idee der stationären Zustände widersprechende Verbindung mit einer eventuellen früheren Beeinflussung des Systems herzustellen scheint. Wenn es sich überhaupt um ein Zeitproblem handelt, kann jedoch nie von einem streng abgeschlossenen System die Rede sein. Die Verwendung von rein harmonischen Eigenschwingungen bei der Deutung der Beobachtungen stellt in der Tat nur eine zweckmäßige Idealisation dar, die für die genauere Diskussion immer durch eine einem endlichen Frequenzbereich entsprechende Gruppe von harmonischen Schwingungen zu ersetzen ist. Wie schon erwähnt wurde, ist es nun eine allgemeine Folge des Superpositionsprinzips, daß bei der Gruppe als Ganzem nie von einer Phase gesprochen werden kann in dem Sinne, wie es bei den einzelnen Elementarwellen oder Eigenschwingungen der Fall ist.

Diese aus der Theorie der optischen Instrumente wohlbekannte Unbeobachtbarkeit der Phase kommt in besonders einfacher Weise zur Geltung bei der Diskussion des STERN-GERLACHschen Molekularstrahlversuchs, der ein so wichtiges Mittel für die Untersuchung der Eigenschaften einzelner Atome bedeutet. Wie von HEISENBERG auseinandergesetzt, ist die Bedingung für die Trennbarkeit der Atome verschiedener Orientierung im Felde, daß die Ablenkung der Strahlen größer ist als die Beugung am Spalt der die Translationsbewegung der Atome repräsentierenden DE-BROGLIE-Wellen. Wie eine einfache Rechnung zeigt, verlangt diese Bedingung, daß das Produkt der zum Durchlaufen des Feldes nötigen Zeit mit der aus der endlichen Breite des Strahlungsbündels herrührenden Unbestimmtheit der Kenntnis der Energie eines Atoms im Felde mindestens gleich dem Wirkungsquantum sein muß. In diesem Resultat hat HEISENBERG eine Stütze erblickt für die Relation (2) betreffend die reziproke Unsicherheit, die den Angaben von Energie und Zeit anhaften. Es dürfte sich jedoch hier nicht einfach um eine Messung der Energie des Atoms zu einer gegebenen Zeit handeln. Da aber die Periode der Eigenschwingungen des Atoms im Felde mit seiner Gesamtenergie durch die allgemeine Relation (1) verknüpft ist, so sehen wir, daß die erwähnte Bedingung der Trennung eben den Verlust der Kenntnis der Phase bedeutet. Dieser Umstand erlaubt die scheinbaren Widersprüche zu vermeiden, die in einigen öfter diskutierten, auch von HEISENBERG besprochenen Gedankenexperimenten über die Kohärenz der Resonanzstrahlung auftraten.

Wenn wir oben von einem Atom als einem abgeschlossenen System gesprochen haben, so bedeutete dies die Vernachlässigung der Strahlungsemission, die auch ohne äußere Beeinflussung der Lebensdauer der stationären Zustände eine Grenze setzt. Die Berechtigung dieser Vernachlässigung für viele Anwendungen hängt damit zusammen, daß die nach der klassischen Elektrodynamik zu erwartende Koppelung zwischen Atom und Strahlungsfeld im allgemeinen sehr schwach ist gegenüber der Koppelung der Teilchen im Atom. In der Tat ist es möglich, bei der Beschreibung des Zustandes des Atoms in weitem Umfang die Rückwirkung der Strahlung zu vernachlässigen, indem von der Unschärfe der Energiewerte abgesehen wird, deren Zusammenhang mit der Lebensdauer der stationären Zustände der Relation (2) entspricht. Gerade hierauf beruht die Möglichkeit, im Anschluß an die klassische Elektrodynamik Schlüsse über die Beschaffenheit der Strahlung zu ziehen. Die Behandlung des Strahlungsproblems nach den neuen quantentheoretischen Methoden bedeutete anfänglich eben eine quantitative Verwertung dieser Korrespondenzbetrachtung. Dies war ja der Ausgangspunkt der ursprünglichen HEISENBERGschen Überlegungen.

Eine lehrreiche, auf das Korrespondenzprinzip sich stützende Analyse der SCHRÖDINGERschen Behandlung der Strahlungserscheinungen ist neuerdings von KLEIN gegeben. Bei der strengeren von DIRAC begründeten Behandlung wird das Strahlungsfeld in das zu betrachtende abgeschlossene System mit einbezogen. Es wurde hierdurch ermöglicht, dem von der Quantentheorie verlangten individuellen Charakter der Strahlungsprozesse in sinngemäßer Weise Rechnung zu tragen und eine Dispersionstheorie aufzubauen in welcher die endliche Breite der Spektrallinien berücksichtigt wird. Der Verzicht auf raum-zeitliche Anschaulichkeit, die diese Behandlung kennzeichnet, liefert einen eindrucksvollen Hinweis auf die grundsätzlich komplementäre Natur der quantentheoretischen Beschreibung. Nicht am wenigsten ist dies zu bedenken bei der Beurteilung der schroffen Abweichungen von der kausalen Beschreibungsweise, der wir bei den Strahlungserscheinungen begegnen und auf die wir oben bei der Frage der Anregung von Spektren hingewiesen haben.

Mit Hinblick auf den von dem Korrespondenzprinzip verlangten asymptotischen Anschluß der Eigenschaften der Atome an die klassische Elektrodynamik könnte die gegenseitige Ausschließung des Begriffs der stationären Zustände und der Beschreibung des Verhaltens der einzelnen Teilchen im Atom als eine Schwierigkeit empfunden werden. Dieser Anschluß bedeutet ja, daß mechanische Bilder der Elektronenbewegung in sinnvoller Weise verwertet werden können in der Grenze hoher Quantenzahlen, wo der relative Unterschied benachbarter stationärer Zustände asymptotisch verschwindet. Dabei handelt es sich doch keineswegs um einen allmählichen Übergang zu der klassischen Theorie, wo das Quantenpostulat allmählich überflüssig würde. Im Gegenteil beruhen die Schlüsse, die man mit Hilfe klassischer Bilder aus dem Korrespondenzprinzip ziehen konnte, eben auf der Aufrechterhaltung des Begriffs der stationären Zustände und der individuellen Übergangsprozesse auch in dieser Grenze.

Bei dieser Frage fanden gerade die neuen Methoden eine lehrreiche Anwendung. Wie SCHRÖDINGER nachgewiesen hat, ist es möglich, in der erwähnten Grenze durch Superposition von Eigenschwingungen Wellengruppen aufzubauen, deren Ausdehnungen klein sind im Verhältnis zur „Größe" des Atoms und deren Fortpflanzung der klassischen Vorstellung von bewegten materiellen Teilchen beliebig nahe kommt, wenn die Quantenzahlen genügend groß genommen werden. In dem besonders einfachen Fall des harmonischen Oszillators konnte er zeigen, daß solche Wellengruppen sogar für unbegrenzte Zeiten zusammenhalten und in einer Weise hin und her pendeln, die dem klassischen Bewegungsbild entspricht. In diesem Umstand hat SCHRÖDINGER eine Stütze für die Hoffnung erblickt, eine reine Wellentheorie der Materie ohne Heranziehung des Quantenpostulats aufzubauen. Wie von HEISENBERG näher auseinandergesetzt, bilden indessen die einfachen

Verhältnisse beim Oszillator eine Ausnahme, die mit der rein harmonischen Natur der entsprechenden klassischen Bewegung zusammenhängt. Auch ist hier von keinem allmählichen Anschluß an das Problem der freien Teilchen die Rede. Im allgemeinen Fall werden die Wellengruppen sich allmählich über das ganze Gebiet des Atoms ausbreiten, und die Bewegung eines gebundenen Elektrons läßt sich nur während einer Anzahl von Umläufen verfolgen, die von der Größenordnung der den Eigenschwingungen zugeordneten Quantenzahlen ist. Diese Frage ist näher untersucht worden in einer neulich erschienenen Arbeit von DARWIN, die eine Anzahl von lehrreichen Beispielen des Verhaltens von Wellengruppen bringt. Vom Standpunkt der Matrixtheorie wurde eine Behandlung analoger Probleme von KENNARD durchgeführt.

Wir stoßen also hier wieder auf den Gegensatz zwischen dem wellentheoretischen Superpositionsprinzip und der Annahme der Individualität der Teilchen, den wir schon bei den freien Partikeln kennengelernt haben. Zugleich gibt der asymptotische Anschluß an die klassische Mechanik, die keinen grundsätzlichen Unterschied zwischen freien und gebundenen Partikeln kennt, die Möglichkeit einer besonders einfachen Illustration der obenstehenden Auseinandersetzungen betreffend die widerspruchsfreie Verwertung des Begriffs der stationären Zustände. Wie wir gesehen haben, verlangt der Nachweis eines stationären Zustandes durch Stoß- oder Strahlungsreaktionen eine Lücke in der Verfolgung der zeitlichen Zusammenhänge, die mindestens von der Größenordnung der Perioden ist, die den Übergangsprozessen zwischen benachbarten stationären Zuständen zugeordnet sind. In der Grenze hoher Quantenzahlen lassen sich nun eben diese Perioden als Umlaufsperioden deuten. Wir sehen also, daß es ausgeschlossen ist, eine kausale Verbindung herzustellen zwischen Beobachtungen, die die Festlegung eines stationären Zustandes erlauben, und früheren Beobachtungen über das Verhalten der einzelnen Partikeln im Atom.

Zusammenfassend dürfen wir wohl sagen, daß den Begriffen der stationären Zustände und der individuellen Übergangsprozesse innerhalb ihres Anwendungsgebietes ebenso viel oder wenig Realität zukommen wie den individuellen Teilchen selber. Im einen wie im anderen Fall haben wir der zur raum-zeitlichen Beschreibungsweise komplementären Kausalitätsforderung Ausdruck gegeben, deren sinnvolle Anwendung nur durch die Definitionsmöglichkeiten der betreffenden Begriffe begrenzt ist.

§ 7. Das Problem der Elementarteilchen.

Unter Berücksichtigung des von dem Quantenpostulat verlangten Zuges von Komplementarität scheint es in der Tat möglich, an der Hand der symbolischen Methoden eine widerspruchsfreie Beschreibung der atomaren Erscheinungen aufzubauen, die als eine sinngemäße Verallgemeinerung der gewöhnlichen kausalen Raum-Zeit-Beschreibung erscheint. Diese Auffassung bedeutet indessen nicht, daß die klassische Elektronentheorie als einfacher Grenzfall verschwindenden Wirkungsquantums zu betrachten wäre. Der auf Grund dieser Theorie angestrebte Anschluß an die Erfahrung beruht nämlich auf Annahmen, die von dem Problemkreis der Quantentheorie kaum zu trennen sind. Einen Hinweis hierauf gaben schon die bekannten Schwierigkeiten, die Individualität der elektrischen Elementarteilchen mit den allgemeinen mechanischen und elektrodynamischen Prinzipien zu vereinbaren. Auch die allgemeine Gravitationstheorie, wie sie in der Relativitätstheorie formuliert worden ist, hat in dieser Beziehung nicht die an sie gestellten Hoffnungen erfüllt. Eine befriedigende Lösung der hier berührten Fragen darf man wohl erst von einer sinngemäßen Umdeutung der allgemeinen Feldtheorie erwarten, in der das elektrische Elementarquantum seinen natürlichen Platz gefunden hat als ein Ausdruck für den die Quantentheorie charakterisierenden Zug von Individualität. Neuerdings hat KLEIN auf die Möglichkeit hingewiesen, dieses Problem mit der auf KALUZA zurückgehenden fünfdimensionalen einheitlichen Darstellung von Elektromagnetismus und Gravitation zu verbinden. In der Tat stellt die Erhaltung der Elektrizität in dieser Theorie ein Analogon dar zu den Erhaltungssätzen von Energie und Impuls. Ebenso wie die letzteren Begriffe bei der Beschreibung der atomaren Phänomene als komplementär zur Raum-Zeit-Beschreibung erscheinen, dürfte, wie KLEIN betont, die Angemessenheit der gewöhnlichen vierdimensionalen Beschreibung sowie ihre symbolische quantentheoretische Verwertung wesentlich darauf beruhen, daß in dieser die Elektrizitätsladung immer als wohldefiniertes Elementarquantum erscheint, und die konjugierte fünfte Dimension daher nicht direkt in der Deutung der Erfahrungen auftritt.

Ganz abgesehen von diesen ungelösten tiefliegenden Problemen hat die klassische Elektronentheorie bis in die letzte Zeit als Leitfaden eines weiteren Ausbaus der korrespondenzmäßigen Beschreibung gedient, und zwar in Verbindung mit dem von COMPTON zuerst ausgesprochenen Gedanken, daß den Elementarteilchen neben ihrer Masse und Ladung noch ein magnetisches Moment zuzuschreiben ist, das von einem durch das Wirkungsquantum festgelegten Impulsmoment herrührt. Diese von GOUDSMIT und UHLENBECK in die Diskussion des Ursprungs des anomalen Zeemaneffekts mit schlagendem Erfolg eingeführte Annahme hat sich, wie besonders HEISENBERG und JORDAN zeigen konnten, in Verbindung mit den neuen Methoden weitgehend bewährt. Ja, man kann wohl sagen, daß die Hypothese des Magnetelektrons zusammen mit dem von HEISENBERG klargestellten Resonanzproblem, das in der quantentheoretischen Beschreibung des Verhaltens von Atomen mit mehreren Elektronen auftritt, die korrespondenzmäßige Deutung der Gesetzmäßigkeiten der Spektren und des periodischen Systems zu einem gewissen Abschluß gebracht hat. Die diesem Angriff zugrunde liegenden Prinzipien haben sogar einen Weg geöffnet, Schlüsse über die Eigenschaften der Atomkerne zu ziehen. So ist es neulich DENNISON in Anschluß an Gedanken von HEISENBERG und HUND zu zeigen gelungen, wie die Schwierigkeiten, die bisher mit der Erklärung der spezifischen Wärme des Wasserstoffs verbunden waren, umgangen werden können, wenn man annimmt, daß auch dem Proton ein Impulsmoment von demselben Betrag wie dem Elektron zukommt. Wegen seiner größeren Masse muß jedoch dem Proton ein viel kleineres magnetisches Moment als dem Elektron zugeschrieben werden.

Die Unzulänglichkeiten der bisherigen Methoden dem Problem der Elementarteilchen gegenüber, kommt bei den eben besprochenen Fragen darin zutage, daß sie keine eindeutige Begründung erlauben für die in dem von PAULI aufgestellten sog. Ausschließungsprinzip ausgedrückten Verschiedenheit des Verhaltens der elektrischen Elementarteilchen und der durch die Lichtquantenvorstellung symbolisierten „Individuen". Bei diesem für das Problem des Atombaues sowie für die neueste Entwicklung der statistischen Theorien so fruchtbaren Prinzip haben wir es ja mit einer von mehreren denkbaren Möglichkeiten zu tun, die jede für sich den Korrespondenzforderungen genügen würden. Übrigens begegnen wir bei der Frage des Magnetelektrons einem besonders lehrreichen Beispiel für die Schwierigkeit, der Relativitätsforderung in der Quantentheorie zu genügen. So war es bisher nicht möglich, die vielversprechenden Ansätze von DARWIN und PAULI zu einer für die Behandlung dieses Problems geeigneten Verallgemeinerung der quantentheoretischen Methoden in Übereinstimmung zu bringen mit der von THOMAS herrührenden relativitätskinematischen Betrachtung, die sich so wesentlich für die Erklärung der experimentellen Resultate erwiesen hat. In der allerletzten Zeit ist es indessen DIRAC gelungen, das Problem des magnetischen Elektrons erfolgreich anzugreifen mit Hilfe einer neuartigen, äußerst sinnreichen Erweiterung der symbolischen Methode, die unter Beibehaltung der Übereinstimmung mit den spektralen Phänomenen der Relativitätsforderung Rechnung trägt. Dieser Angriff beruht nicht nur auf der durch den Gebrauch von imaginären Größen gekennzeichneten Komplexität der bisherigen Verfahren sondern benutzt in den Grundgleichungen selber Zahlenkörper von einem noch höheren Komplexitätsgrad.

Seinem Wesen nach setzt schon die Formulierung des Relativitätsarguments die den klassischen Theorien eigentümliche Vereinigung der Raum-Zeit-Koordinaten mit der Kausalitätsforderung voraus. Wir müssen deshalb bei der sinngemäßen Anpassung der Relativitätsforderung an das Quantenpostulat auf einen noch weiter gehenden Verzicht auf Anschaulichkeit im gewöhnlichen Sinne gefaßt sein als bei den hier besprochenen quantentheoretischen Methoden. In der Tat befinden wir uns hier auf dem von EINSTEIN eingeschlagenen Weg der Anpassung unserer den Sinnesempfindungen entlehnten Anschauungsformen an die allmählich vertiefte Kenntnis der Naturgesetze. Die Hindernisse, denen wir auf diesem Wege begegnen, rühren vor allem daher, daß sozusagen jedes Wort der Sprache an diese Anschauungsformen geknüpft ist. In der Quantentheorie tritt uns diese Schwierigkeit sofort entgegen in der Frage der Unumgänglichkeit des dem Quantenpostulat innewohnenden Zuges von Irrationalität. Ich hoffe indessen, daß der Begriff der Komplementarität geeignet sein wird, die bestehende Sachlage zu kennzeichnen, die eine tiefe Analogie aufweisen dürfte mit den allgemeinen, in der Trennung von Subjekt und Objekt begründeten, Schwierigkeiten der menschlichen Begriffsbildung.

III.
Wirkungsquantum und Naturbeschreibung.

In der Geschichte der Wissenschaft gibt es wohl wenige Ereignisse, die in der kurzen Zeitspanne eines Menschenalters so außerordentliche Folgen gehabt haben wie PLANCKs Entdeckung des elementaren Wirkungsquantums. Nicht nur bildet diese Entdeckung in immer höheren Grade die Grundlage für die Einordnung der Erfahrungen über die atomaren Erscheinungen, die eben in den letzten dreißig Jahren sich so ungeheuer vermehrt haben, sondern sie hat gleichzeitig eine völlige Umformung der Grundlage der Beschreibung der Naturphänomene hervorgebracht. Wir stehen hier vor einer ununterbrochenen Entwicklung von Gesichtspunkten und begrifflichen Hilfsmitteln, die mit den grundlegenden Arbeiten von PLANCK über die Hohlraumstrahlung anfangend in den letzten Jahren in der Formulierung einer symbolischen Quantenmechanik gegipfelt hat, die als eine ungezwungene Verallgemeinerung der klassischen Mechanik aufzufassen ist, mit der sie sich in bezug auf Schönheit und inneren Zusammenhang wohl vergleichen läßt.

Zwar ist dieses Ziel nicht ohne Verzicht erreicht worden, was die kausale raum-zeitliche Beschreibungsweise betrifft, die das Merkmal der klassischen physikalischen Theorien bildet, welche eine so tiefgehende Klärung durch die Relativitätstheorie erfahren haben. In dieser Hinsicht bedeutete die Quantentheorie insofern eine Enttäuschung, als die Atomtheorie gerade aus der Bestrebung entstanden war, eine solche Beschreibung auch bei Erscheinungen durchzuführen, die den unmittelbaren Sinneseindrücken gegenüber nicht als Bewegungen materieller Körper erscheinen. Von jeher war man aber darauf gefaßt, eben hier auf ein Versagen unserer den Sinneswahrnehmungen angepaßten Anschauungsformen zu stoßen. Wir wissen jetzt, daß die oft geäußerte Skepsis hinsichtlich der Realität der Atome übertrieben war, da ja die wunderbare Entwicklung der Experimentierkunst uns erlaubt, die Wirkungen einzelner Atome zu konstatieren. Nichtsdestoweniger hat eben die Erkenntnis der durch das Wirkungsquantum symbolisierten begrenzten Teilbarkeit der physikalischen Vorgänge den alten Zweifel an der Tragweite unserer gewöhnlichen Anschauungsformen den atomaren Erscheinungen gegenüber zu ihrem Recht gebracht. Indem jede

Wahrnehmung dieser Erscheinungen mit einer nicht zu vernachlässigenden Wechselwirkung zwischen Gegenstand und Beobachtungsmittel verbunden ist, rückt die Frage nach den Beobachtungsmöglichkeiten wieder in den Vordergrund. In neuer Beleuchtung begegnen wir hier dem Problem der Objektivität der Erscheinungen, das in der philosophischen Diskussion stets soviel Aufmerksamkeit beansprucht hat.

Bei dieser Sachlage kann es nicht wundernehmen, daß es sich bei allen sinngemäßen Anwendungen der Quantentheorie stets um wesentlich statistische Probleme gehandelt hat. In den ursprünglichen Arbeiten von PLANCK war es ja zunächst die Notwendigkeit der Modifikation der klassischen statistischen Mechanik, welche die Einführung des Wirkungsquantums veranlaßte. Dieser für die Quantentheorie eigentümliche Charakter kommt in einer eindrucksvollen Weise zum Ausdruck in der erneuten Diskussion über das Wesen des Lichtes und der Bausteine der Materie. Während diese Fragen im Rahmen der klassischen Theorien eine scheinbar endgültige Lösung bekommen hatten, so wissen wir jetzt, daß sowohl für das Licht wie für die materiellen Teilchen verschiedenartige Bilder notwendig sind, um die Erscheinungen allseitig zum Ausdruck zu bringen und eine eindeutige Formulierung der statistischen Gesetze, welche die Beobachtungsergebnisse regeln, zu gewähren. Je klarer die Unmöglichkeit einer einheitlichen Formulierung des Inhalts der Quantentheorie mit Hilfe von klassischen Vorstellungen hervortritt, um so mehr bewundern wir PLANCKs glückliche Intuition bei der Wahl der Bezeichnung Wirkungsquantum, die direkt auf ein Versagen des Wirkungsprinzips hinweist, dessen zentrale Stellung in der klassischen Naturbeschreibung er selber bei mehreren Gelegenheiten betont hat. Dieses Prinzip symbolisiert sozusagen die eigentümlich reziproke symmetrische Beziehung zwischen der Raum-Zeit-Beschreibung und den Gesetzen der Erhaltung von Energie und Impuls, deren große Fruchtbarkeit schon in der klassischen Physik damit zusammenhängt, daß diese Gesetze weitgehend unabhängig von der raum-zeitlichen Verfolgung der Erscheinungen angewandt werden können. Es ist eben diese Reziprozität, die auf glücklichste Weise in dem Formalismus der Quantenmechanik verwertet worden ist. In der Tat tritt hier das Wirkungsquantum nur in Beziehungen auf, in denen die im Sinne von HAMILTON kanonisch konjugierten Raum-Zeit-Größen und Impuls-Energie-Größen in symmetrischer und reziproker Weise eingehen. Auch die Analogie zwischen Optik und Mechanik, die für die neueste Entwicklung der Quantentheorie sich so fruchtbar erwiesen hat, hängt mit diesen Verhältnissen in engster Weise zusammen.

Es liegt im Wesen einer physikalischen Beobachtung, daß alle Erfahrungen schließlich mit Hilfe der klassischen Begriffe unter Vernachlässigung des Wirkungsquantums ausgedrückt werden müssen. Es ist deshalb eine unvermeidbare Folge der begrenzten Anwendbarkeit klassischer Vorstellungen, daß die durch jede Messung atomarer Größen erreichbaren Ergebnisse einer ihnen innewohnenden Begrenzung unterliegen. Eine weitgehende Klärung dieser Frage wurde neulich durch das von HEISENBERG formulierte allgemeine quantenmechanische Gesetz gebracht, wonach das Produkt der mittleren Fehler, mit denen zwei kanonisch konjugierte mechanische Größen gleichzeitig gemessen werden können, nie kleiner als das Wirkungsquantum sein kann. Mit Recht hat HEISENBERG die Bedeutung dieses reziproken Unsicherheitsgesetzes für die Beurteilung der Widerspruchsfreiheit der Quantenmechanik mit der Bedeutung der Unmöglichkeit einer Überlichtgeschwindigkeit von Signalen für die Widerspruchsfreiheit der Relativitätstheorie verglichen. Zur Beurteilung der bekannten Paradoxien, denen wir in der Quantentheorie des Atombaus begegnen, ist es in dieser Verbindung wesentlich daran zu erinnern, daß die Eigenschaften der Atome immer durch ihre Reaktionen gegenüber Stößen und Strahlung zur Beobachtung gelangen, und daß die in Frage stehende Begrenzung der Messungsmöglichkeiten direkt mit den scheinbaren Gegensätzen zusammenhängt, welche die Diskussion über das Wesen des Lichts und der materiellen Teilchen entschleiert hat. Um zu betonen, daß es sich hier nicht um eigentliche Gegensätze handelt, wurde in einem früheren Artikel des Verfassers die Bezeichnung Komplementarität vorgeschlagen. In Anbetracht der oben berührten, schon in der klassischen Mechanik vorkommenden reziproken Symmetrie dürfte die Bezeichnung Reziprozität jedoch besser geeignet sein, um den Sinn des in Frage stehenden Sachverhalts auszudrücken. In dem genannten Artikel wurde am Schluß hingewiesen auf die nahe Beziehung des Versagens unserer Anschauungsformen, die in der Unmöglichkeit einer strengen Trennung von Phänomen und Beobachtungsmittel wurzelt, zu den mit der Unterscheidung zwischen Subjekt und Objekt zusammenhängenden allgemeinen Grenzen der menschlichen Begriffsbildung. Zwar fallen die hier in Betracht kommenden erkenntnistheoretischen und psychologischen Fragen vielleicht außerhalb des Rahmens der eigentlichen Physik. Doch möchte ich mir gern bei dieser besonderen Gelegenheit erlauben, etwas näher auf diese Gedanken einzugehen.

Das in Frage stehende Erkenntnisproblem läßt sich wohl kurz dahin kennzeichnen, daß einerseits die Beschreibung unserer Gedankentätigkeit die Gegenüberstellung eines objektiv gegebenen Inhalts und eines betrachtenden Subjekts verlangt, während andererseits — wie schon aus einer solchen Aussage einleuchtet — keine strenge Trennung zwischen Objekt und Subjekt aufrechtzuerhalten ist, da ja auch der letztere Begriff dem Gedankeninhalt angehört. Aus dieser Sachlage folgt nicht nur die relative von der Willkür in der Wahl des Gesichtspunktes abhängige Bedeutung eines jeden Begriffes, oder besser jeden

Wortes, sondern wir müssen im allgemeinen darauf gefaßt sein, daß eine allseitige Beleuchtung eines und desselben Gegenstandes verschiedene Gesichtspunkte verlangen kann, die eine eindeutige Beschreibung verhindern. Streng genommen steht ja die bewußte Analyse eines jeden Begriffes in einem ausschließenden Verhältnis zu seiner unmittelbaren Anwendung. Mit der Notwendigkeit, zu einer in diesem Sinn komplementären oder besser reziproken Beschreibungsweise Zuflucht zu nehmen, sind wir wohl besonders durch psychologische Probleme vertraut. Demgegenüber dürfte gewöhnlich das Merkmal der sog. exakten Wissenschaften in dem Bestreben gesehen werden, Eindeutigkeit durch Vermeiden jeden Hinweises auf das betrachtende Subjekt zu erreichen. Diesem Bestreben begegnen wir vielleicht am bewußtesten in der mathematischen Symbolik, die uns ein Ideal von Objektivität vor Augen hält, dessen Erreichung, bei jedem in sich geschlossenen Anwendungsgebiet der Logik, kaum Grenzen gesetzt sind. In den eigentlichen Naturwissenschaften aber kann jedoch von keinen streng abgeschlossenen Anwendungsgebieten der logischen Prinzipien die Rede sein, da wir immer mit neu hinzukommenden Tatsachen rechnen müssen, deren Einordnung in den Rahmen der früheren Erfahrungen eine Revision unserer begrifflichen Hilfsmittel verlangen kann.

Eine derartige Revision haben wir kürzlich mit der Entstehung der Relativitätstheorie erlebt, die eben durch eine weitgehende Vertiefung des Beobachtungsproblems den subjektiven Charakter aller Begriffe der klassischen Physik offenbaren sollte. Ungeachtet der hohen Anforderungen, die sie an unser Abstraktionsvermögen stellt, kommt jedoch die Relativitätstheorie dem klassischen Ideal von Einheitlichkeit und Ursachenzusammenhang in der Naturbeschreibung in besonders hohem Maße entgegen. Vor allem wird dabei die Vorstellung der objektiven Realität der zur Beobachtung gelangenden Phänomene noch in Strenge aufrechterhalten. Wie von EINSTEIN betont, ist es ja eine für die ganze Relativitätstheorie grundlegende Annahme, daß jede Beobachtung schließlich auf ein Zusammentreffen von Gegenstand und Meßkörper in demselben Raum-Zeitpunkt beruht und insofern von dem Bezugssystem des Beobachters unabhängig definierbar ist. Nach der Entdeckung des Wirkungsquantums wissen wir aber, daß das klassische Ideal bei der Beschreibung atomarer Vorgänge nicht erreicht werden kann. Insbesondere führt jeder Versuch einer raum-zeitlichen Einordnung der Individuen einen Bruch der Ursachenkette mit sich, indem er mit einem nicht zu vernachlässigenden Austausch von Impuls und Energie mit den zum Vergleich benutzten Maßstäben und Uhren verbunden ist, dem keine Rechnung getragen werden kann, wenn diese Meßmittel ihren Zweck erfüllen sollen. Umgekehrt verlangt jeder eindeutige, auf die strenge Erhaltung von Energie und Impuls begründete Schluß über das dynamische Verhalten der Individuen offenbar einen völligen Verzicht auf deren Verfolgung in Raum und Zeit. Überhaupt können wir sagen, daß die Zweckmäßigkeit der kausalen Raum-Zeitbeschreibung bei der Einordnung der üblichen Erfahrungen nur in der Kleinheit des Wirkungsquantums im Vergleich mit den für die gewöhnlichen Wahrnehmungen in Betracht kommenden Wirkungen begründet ist. PLANCKs Entdeckung hat uns hier vor eine ähnliche Situation gestellt wie die, welche die Entdeckung der Endlichkeit der Lichtgeschwindigkeit gebracht hatte; beruht ja die Zweckmäßigkeit der scharfen von unseren Sinnen verlangte Trennung zwischen Raum und Zeit lediglich auf der Kleinheit der Geschwindigkeiten, mit denen wir im täglichen Leben zu tun haben, verglichen mit der Lichtgeschwindigkeit. In der Tat darf bei der Frage der Kausalität der atomaren Erscheinungen die Reziprozität der Messungsergebnisse ebensowenig vergessen werden wie bei der Frage der Gleichzeitigkeit die Relativität der Beobachtungen.

Bei der Resignation hinsichtlich der Wünsche nach Anschaulichkeit, die unserer ganzen Sprache ihr Gepräge gibt, zu der uns die besprochene Situation zwingt, ist es besonders lehrreich, daß Grundzüge nicht nur der relativistischen, sondern auch der reziproken Betrachtungsweise uns schon bei einfachen psychologischen Erfahrungen begegnen. Der Relativität unserer Wahrnehmungen von Bewegung, die jedem schon aus der Kindheit durch Schiff- oder Wagenfahrten vertraut ist, entsprechen alltägliche Erfahrungen über die Reziprozität der Berührungswahrnehmungen. Hier sei an die von Psychologen oft herangezogene Empfindung erinnert, die jeder erlebt hat bei dem Versuch, in einem dunklen Zimmer sich durch Tasten mittels eines Stockes zu orientieren. Während der Stock bei losem Anfassen dem Berührungssinn als Objekt erscheint, verlieren wir bei festem Anfassen die Vorstellung eines Fremdkörpers und die Wahrnehmung der Berührung wird unmittelbar in dem Punkt lokalisiert, wo der Stock an den zu untersuchenden Körper stößt. Es ist kaum eine Übertreibung, wenn man schon aus psychologischen Erfahrungen behaupten wollte, daß die Begriffe Raum und Zeit ihrem Wesen nach erst durch die Möglichkeit der Vernachlässigung der Wechselwirkung mit den Meßmitteln einen Sinn bekommen. Allgemein zeigt uns die Analyse der Sinnesempfindungen eine bemerkenswerte Unabhängigkeit bezüglich der psychologischen Grundlage der Wahrnehmungen von Raum und Zeit einerseits und der auf Kraftwirkungen zurückgehenden Wahrnehmungen von Energie und Impuls andererseits. Vor allem wird aber dieses Gebiet, wie schon berührt, durch Reziprozitätsverhältnisse gekennzeichnet, die mit dem einheitlichen Charakter des Bewußtseins zusammenhängen und eine auffallende Ähnlichkeit zeigen mit den physikalischen Konsequenzen des Wirkungsquantums. Es handelt sich hier um allbekannte Eigentümlichkeiten des Gefühls- und Willenlebens, die sich gänzlich der Darstellung durch anschauliche Bilder entziehen. Insbesondere findet der scheinbare Gegensatz zwischen dem kontinuierlichen Fortschreiten des assoziativen Denkens und der Bewahrung der Einheit der Persönlichkeit eine eindrucksvolle Analogie in dem Verhältnis der von dem Superpositionsprinzip beherrschten Wellenbeschreibung des Verhaltens materieller Teilchen zu deren unzerstörbarer Individualität. Die unvermeidbare Beeinflussung der atomaren Erscheinungen durch deren Beobachtung entspricht hier der wohlbekannten Änderung der Färbung des psychischen Geschehens, welche jede Lenkung der Aufmerksamkeit auf seine verschiedenen Elemente begleitet.

Es sei hier noch erlaubt, kurz auf die Beziehung hinzuweisen, die zwischen den Gesetzmäßigkeiten auf psychischem Gebiet und dem Problem der Kausalität der physikalischen Erscheinungen besteht. In Betracht des Kontrastes zwischen dem Gefühl des freien Willens, das das Geistesleben beherrscht, und des scheinbar ununterbrochenen Ursachszusammenhanges der begleitenden physiologischen Prozesse ist es ja den Denkern nicht entgangen, daß es sich hier um ein unanschauliches Komplementaritätsverhältnis handeln kann. So ist öfters die Ansicht vertreten worden, daß eine wohl nicht ausführbare, aber doch denkbare, ins einzelne gehende Verfolgung der Gehirnprozesse eine Ursachskette entschleiern würde, die eine eindeutige Abbildung des gefühlsbetonten psychischen Geschehens darbieten würde. Ein solches Gedankenexperiment kommt aber jetzt in ein neues Licht, indem wir nach der Entdeckung des Wirkungsquantums gelernt haben, daß eine ins einzelne gehende kausale Verfolgung atomarer Prozesse nicht möglich ist, und daß jeder Versuch, eine Kenntnis solcher Prozesse zu erwerben, mit einem prinzipiell unkontrollierbaren Eingreifen in deren Verlauf begleitet sein wird. Nach der erwähnten Ansicht über das Verhältnis der Gehirnvorgänge und des psychischen Geschehens müssen wir also darauf gefaßt sein, daß ein Versuch, erstere zu beobachten, eine wesentliche Änderung des begleitenden Willengefühls mit sich bringen würde. Obwohl es sich hier zunächst nur um mehr oder weniger zutreffende Analogien handeln kann, so wird man sich schwerlich von der Überzeugung freimachen können, daß wir in dem von der Quantentheorie entschleierten, unserer gewöhnlichen Anschauung unzugänglichen Tatbestand ein Mittel in die Hände bekommen haben zur Beleuchtung allgemeiner Fragestellungen menschlichen Denkens.

Die besondere Gelegenheit möge entschuldigen, daß ein Physiker sich auf fremde Gebiete wagt. Meine Absicht war ja vor allem, der Begeisterung Ausdruck zu geben für die Aussichten, die sich unserer gesamten Wissenschaft durch die PLANCKsche Entdeckung geöffnet haben. Auch lag es mir am Herzen, nach bestem Vermögen Nachdruck zu legen auf die mit der neuen Erkenntnis folgende Erschütterung der Grundlagen der Begriffsbildung auf der nicht nur die klassische Darstellung der Physik, sondern auch unsere gewöhnliche Denkweise beruht. Eben der hierdurch gewonnenen Befreiung verdanken wir den wunderbaren Fortschritt unserer Einsicht in die Naturerscheinungen, die wir während des letzten Menschenalters errungen haben; ein Fortschritt, der alle Hoffnungen übertrifft, die man bis vor wenigen Jahren zu hegen wagte. Die jetzige Lage der Physik ist vielleicht am besten dadurch gekennzeichnet, daß fast alle Gedanken, die sich je in der Naturforschung als erfolgreich erwiesen hatten, in einer gemeinsamen Harmonie zu ihrem Recht gekommen sind, ohne dabei an Fruchtbarkeit verloren zu haben. In Dankbarkeit für die Arbeitsmöglichkeiten, die er uns geschenkt hat, feiern seine Fachgenossen heute den Schöpfer der Quantentheorie.

IV.
Die Atomtheorie und die Prinzipien der Naturbeschreibung.

Die Naturerscheinungen, die sich unseren Sinnen darbieten, zeigen oft eine große Veränderlichkeit und Unbeständigkeit. Um dies zu erklären, hat man von alters her angenommen, daß die Erscheinungen als Folge des Zusammenwirkens einer großen Anzahl von Elementarteilchen, der sog. Atome, die selbst unveränderlich und beständig sind, aber wegen ihrer Kleinheit sich der unmittelbaren Beobachtung entziehen, entstehen. Ganz abgesehen von der prinzipiellen Frage, ob wir berechtigt sind, auf diesen Gebieten anschauliche Bilder zu verlangen, so mußte die Atomtheorie ursprünglich einen hypothetischen Charakter haben, und man war geneigt anzunehmen, daß sie diesen Charakter behalten würde, da man es der Natur der Sache nach für unmöglich hielt, einen direkten Einblick in die Welt der Atome zu erhalten. Es ist aber hier wie auf so vielen Gebieten gegangen; die Grenzen der Beobachtungsmöglichkeiten haben sich infolge der Entwicklung der Hilfsmittel immer weiter verschoben. Wir brauchen nur an die Kenntnis vom Bau des Weltalls, die wir mit Hilfe des Fernrohrs und des Spektroskops gewonnen haben, zu denken oder an den Einblick in den feineren Aufbau der Organismen, den wir dem Mikroskop verdanken. Ebenso hat die außerordentliche Entwicklung der physikalischen Experimentierkunst uns mit einer großen Anzahl von Erscheinungen bekannt gemacht, die direkte Aussagen über die Bewegungen der Atome und über ihre Anzahl gestatten. Wir kennen sogar Phänomene, von denen man mit Sicherheit annehmen darf, daß sie von den Wirkungen eines einzelnen Atoms oder sogar von einem Teil eines solchen herrühren. Während somit jeder Zweifel an der Realität der Atome weichen mußte und wir sogar eine eingehende Kenntnis vom inneren Bau des Atoms gewonnen haben, sind wir jedoch gleichzeitig in lehrreicher Weise an die natürliche Begrenzung unserer Anschauungsformen erinnert worden. Es ist diese eigentümliche Lage, die ich hier zu schildern versuchen werde.

Die Zeit erlaubt mir nicht, in Einzelheiten die in Frage stehende außerordentliche Erweiterung unseres Erfahrungsgebietes, welche durch die Entdeckung der Kathodenstrahlen, Röntgenstrahlen und der radioaktiven Stoffe gekennzeichnet ist, zu beschreiben. Ich werde mich darauf beschränken, die Grundzüge des Atombildes, das wir dadurch gewonnen haben, in Erinnerung zu bringen. Als gemeinsamen Baustein in den Atomen sämtlicher Stoffe treffen wir die sog. Elektronen, negativ elektrische, leichte Teilchen, welche durch die Anziehung von dem viel schwereren, positiv elektrischen Atomkern im Atom festgehalten werden. Die Masse des Kernes bestimmt das Atomgewicht des Stoffes, hat aber im übrigen nur geringen Einfluß auf die Eigenschaften der Stoffe, die in erster Linie bestimmt sind durch die elektrische Ladung des Kernes, welche immer, vom Vorzeichen abgesehen, ein ganzes Vielfaches der Elektronenladung ist. Diese ganze Zahl, welche angibt, wie viele Elektronen im neutralen Atom vorhanden sind, ist gleich der Atomnummer, das ist die Nummer des besprochenen Elements in dem sog. natürlichen System, in welchem die eigentümlichen Verwandtschaftsverhältnisse der Elemente hinsichtlich ihrer physikalischen und chemischen Eigenschaften so treffend zum Ausdruck kommen. Diese Deutung der Atomnummer bedeutet einen wichtigen Schritt zur Lösung einer Aufgabe, welche schon lange Zeit einer der kühnsten Träume der Naturwissenschaft gewesen ist, nämlich ein Verständnis der Gesetzmäßigkeiten der Natur auf Betrachtung reiner Zahlen aufzubauen.

Bei der besprochenen Entwicklung haben die Grundvorstellungen der Atomtheorie allerdings eine gewisse Veränderung erlitten. An Stelle der Annahme über die Unveränderlichkeit der Atome tritt jetzt die Annahme über die Beständigkeit der Atomteile. Vor allem beruht die große Beständigkeit der Elemente darauf, daß die gewöhnlichen physikalischen und chemischen Eingriffe nicht den Atomkern berühren, sondern nur die Art der Bindung der Elektronen im Atom. Während alle Erfahrungen die Annahme unveränderlicher Elektronen bestärken, wissen wir aber, daß die Beständigkeit der Atomkerne einen mehr begrenzten Charakter hat. Die eigentümliche Strahlung der radioaktiven Stoffe gibt uns ja eben Zeugnis von einer Zerspaltung der Atomkerne, wobei Elektronen oder positiv geladene Kernteile mit großer Energie ausgeschleudert werden. Allem Anscheine nach finden diese Zerspaltungen ohne äußere Einwirkungen statt. Haben wir eine gegebene Anzahl Radiumatome, so können wir nur sagen, daß es eine bestimmte Wahrscheinlichkeit dafür gibt, daß ein gewisser Bruchteil der Atome in der Sekunde zerfallen wird. Auf dieses eigentümliche Versagen der kausalen Beschreibungsweise, dem wir hier begegnen und das in genauem Zusammenhang steht mit Grundzügen unserer jetzigen Beschreibung der Atomerscheinungen, werden wir im folgenden zurückkommen. Hier werde ich nur noch an die wichtige Entdeckung RUTHERFORDS erinnern, daß eine Zerspaltung von Atomkernen unter gewissen Umständen durch äußere Einwirkung hervorgebracht werden kann. Bekanntlich gelang es ihm zu zeigen, daß die Atomkerne gewisser sonst beständiger Elemente zerspalten werden können, wenn man sie mit den Teilchen, welche von den radioaktiven Atomkernen ausgeschleudert werden, beschießt. Mit diesem ersten Beispiel einer von Menschen regulierten Grundstoffverwandlung ist eine neue Epoche in der Geschichte der Naturwissenschaft eingeleitet. Hier bietet sich ein ganz neues Feld der Physik dar, nämlich die Erforschung des Innern der Atomkerne. Ich werde jedoch auf die Perspektiven, die sich dadurch eröffnen, nicht näher eingehen, sondern mich damit begnügen, die allgemeine Belehrung zu schildern, welche die Bestrebung, eine Erklärung der gewöhnlichen physikalischen und chemischen Eigenschaften der Elemente auf Grund der erwähnten Atomvorstellungen zu geben, uns gebracht hat.

Im ersten Augenblick könnte es so aussehen, als ob die Lösung der gestellten Aufgabe sehr einfach sei. Das Bild vom Atom, worum es sich handelt, zeigt uns ein kleines mechanisches System, das sogar in gewissen Hauptzügen an unser Planetensystem erinnert, bei dessen Beschreibung die Mechanik so erfolgreich gewesen ist und uns ein Hauptbeispiel für die Erfüllung der Kausalitätsforderung in der gewöhnlichen Physik gegeben hat. Aus der Kenntnis der augenblicklichen Lagen und Bewegungen der Planeten können wir ja mit scheinbar unbegrenzter Genauigkeit die Lagen und Bewegungen zu jeder späteren Zeit berechnen. Die Möglichkeit, bei einer solchen mechanischen Beschreibung einen willkürlichen Anfangszustand zu wählen, bereitet jedoch einer Theorie des Atombaues große Schwierigkeiten. Wenn wir nämlich mit einer unendlichen Gesamtheit von stetig variierenden Bewegungszuständen der Atome rechnen müssen, kommen wir in offenen Widerspruch mit den Erfahrungen über die bestimmten Eigenschaften der Elemente. Man könnte vielleicht glauben, daß die Eigenschaften der Elemente uns nicht über das Verhalten der einzelnen Atome unterrichteten, sondern daß wir immer nur mit statistischen Gesetzmäßigkeiten für das Durchschnittsverhalten vieler Atome zu tun hätten. In der mechanischen Wärmetheorie, die uns nicht nur erlaubt, von den Hauptsätzen der Wärmelehre Rechenschaft zu geben, sondern auch ein Verständnis vieler allgemeiner Eigenschaften der Elemente gibt, haben wir eben ein wohlbekanntes Beispiel für die Fruchtbarkeit statistisch mechanischer Betrachtungen in der Atomtheorie. Die Elemente haben jedoch andere Eigenschaften, die direkte Schlüsse bezüglich der Bewegungszustände der Atomteilchen zu ziehen erlauben. Vor allem muß man annehmen, daß die Beschaffenheit des Lichts, welches die Elemente unter Umständen aussenden, und das für jedes Element eigentümlich ist, durch die Verhältnisse in dem einzelnen Atom wesentlich bestimmt ist. Ebenso wie die Radiowellen uns über die Art der elektrischen Schwingungen in den Apparaten der Sendestation unterrichten, müßte man nach der elektromagnetischen Lichttheorie erwarten, daß die Schwingungszahlen der einzelnen Linien in den charakteristischen Spektren der Elemente uns über die Elektronenbewegungen im Atom

Auskunft geben könnten. Für die Deutung dieser Auskunft bildet jedoch die Mechanik keine genügende Grundlage; ja, wir können wegen der erwähnten Variationsmöglichkeit der mechanischen Bewegungszustände nicht einmal das Auftreten scharfer Spektrallinien verstehen.

Dieser in der gewöhnlichen Naturbeschreibung fehlende Zug, der durch das Verhalten der Atome augenscheinlich gefordert wird, ist uns jedoch durch PLANCKs Entdeckung des sog. Wirkungsquantums geschenkt worden. Den Ausgangspunkt dieser Entdeckung bildeten die Wärmestrahlungserscheinungen, deren allgemeiner, von der speziellen Natur der Stoffe unabhängiger Charakter eine entscheidende Prüfung der Reichweite der mechanischen Wärmetheorie und der elektromagnetischen Strahlungstheorie darbot. Eben das Versagen dieser Theorien bei der Beschreibung der Wärmestrahlungserscheinungen führte PLANCK zu der Erkenntnis eines bis dahin unbeachteten allgemeinen Zuges der Naturgesetze, der sich zwar bei den gewöhnlichen physikalischen Erscheinungen nicht unmittelbar geltend macht, aber eine Umwälzung unserer Beschreibung solcher Verhältnisse, die von einzelnen Atomen abhängen, bedeutet. Im Gegensatz zu der Forderung der Kontinuität, welche die gewöhnliche Naturbeschreibung kennzeichnet, hat die Unteilbarkeit des Wirkungsquantums die Einführung eines wesentlichen Elements von Diskontinuität in die Beschreibung der Atomerscheinungen zur Folge. Die Schwierigkeit, die neue Erkenntnis mit unserem gewohnten physikalischen Vorstellungskreis in Einklang zu bringen, tritt besonders hervor in der von EINSTEIN in Verbindung mit der Erklärung des photoelektrischen Effekts eingeleiteten erneuten Diskussion über die Frage nach der Natur des Lichtes, welche vom Standpunkt aller früheren Erfahrungen aus beurteilt, eine völlig befriedigende Antwort innerhalb des Rahmens der elektromagnetischen Theorie gefunden hatte. Die Lage, in der wir uns hier befinden, ist dadurch gekennzeichnet, daß wir scheinbar gezwungen sind, zwischen zwei sich widersprechenden Bildern der Lichtausbreitung zu wählen, auf der einen Seite die Vorstellung der Lichtwellen, auf der anderen Seite die corpusculare Auffassung der Lichtquantentheorie, welche beide wesentliche, aber verschiedene Seiten der Erfahrung zum Ausdruck bringen. Wie wir im folgenden sehen werden, ist dieses scheinbare Dilemma Ausdruck für eine eigentümliche, mit dem Wirkungsquantum zusammenhängende Begrenzung unserer Anschauungsformen, welche durch eine nähere Analyse der Anwendbarkeit der physikalischen Grundbegriffe für die Beschreibung der Atomerscheinungen zutage tritt.

Es gelang auch nur durch eine bewußte Resignation hinsichtlich der gewöhnlichen Forderungen an Anschaulichkeit und an Kausalität, PLANCKs Entdeckung für die Erklärung der Eigenschaften der Elemente auf Grundlage unserer Kenntnis über die Bausteine der Atome fruchtbar zu machen. Mit der Annahme der Unteilbarkeit des Wirkungsquantums als Ausgangspunkt hat der Vortragende vorgeschlagen, jede Zustandsänderung des Atoms als einen individuellen, nicht näher beschreibbaren Prozeß aufzufassen, wobei das Atom von einem sog. stationären Zustand in einen anderen übergeht. Nach dieser Auffassung belehren uns die Spektren der Elemente nicht unmittelbar über die Bewegungen der Atomteile, sondern jede einzelne Spektrallinie gehört zu einem Übergangsprozeß zwischen zwei stationären Zuständen, so daß das Produkt von Schwingungszahl und Wirkungsquantum die Energieänderung des Atoms beim Prozeß angibt. Es erwies sich in dieser Weise möglich, eine einfache Deutung der allgemeinen spektroskopischen Gesetzmäßigkeiten, welche von BALMER, RYDBERG und RITZ aus dem experimentellen Material abgeleitet waren, zu erzielen. Die erwähnte Auffassung vom Ursprung der Spektren bekam auch eine direkte Stütze durch die bekannten Versuche von FRANCK und HERTZ über den Zusammenstoß zwischen Atomen und freien Elektronen. Die Energiemengen, welche bei solchen Zusammenstößen umgesetzt werden können, zeigten sich gerade in Übereinstimmung mit den aus den Spektren berechneten Energiedifferenzen zwischen dem stationären Zustand, in dem sich das Atom vor dem Stoß befindet, und einem der stationären Zustände, in dem es sich nach dem Zusammenstoß befinden kann. Überhaupt ermöglicht die erwähnte Auffassung eine widerspruchsfreie Deutung des Erfahrungsmaterials, aber die Widerspruchsfreiheit ist nur durch einen Verzicht auf die nähere Beschreibung der einzelnen Übergangsprozesse erreicht werden. Wir sind hier soweit von einer Kausalbeschreibung entfernt, daß einem Atom in einem stationären Zustand im allgemeinen eine freie Wahl zwischen verschiedenen Übergangsmöglichkeiten zu anderen stationären Zuständen zugestanden werden muß. Für das Auftreten der einzelnen Prozesse können der Natur der Sache nach nur Wahrscheinlichkeitsbetrachtungen angestellt werden, welche, wie EINSTEIN hervorgehoben hat, eine tiefgehende Ähnlichkeit mit den Verhältnissen bei dem spontanen radioaktiven Zerfall aufweisen.

Ein für den besprochenen Angriff auf das Problem des Atombaues eigentümlicher Zug ist die weitgehende Benutzung ganzer Zahlen, welche gerade in den empirischen Gesetzmäßigkeiten der Spektren eine wesentliche Rolle spielen. So beruht die Klassifikation der stationären Zustände außer auf der Atomnummer auf den sog. Quantenzahlen, zu deren Systematik besonders SOMMERFELD beigetragen hat. Von den besprochenen Gesichtspunkten aus ist es in weitem Umfang möglich gewesen, eine Deutung der Eigenschaften der Elemente und ihrer Verwandtschaft auf Grundlage unserer allgemeinen Vorstellungen vom Atombau zu geben. Es könnte vielleicht befremden, daß eine solche Beschreibung trotz der großen Abweichung von den gewöhnlichen physikalischen Vorstellungen, um die es sich hier handelt, möglich gewesen ist, weil doch unsere ganze Kenntnis von den Bausteinen der Atome auf diesen Vorstellungen ruht. Ist ja jede Benutzung von Begriffen wie Masse und Elektrizitätsladung offenbar gleichbedeutend mit einer Berufung auf mechanische und elektrodynamische Gesetzmäßigkeiten. Einen Anhaltspunkt für die Nutzbarmachung solcher Begriffe außerhalb des Gültigkeitsbereichs der klassischen Theorien haben wir indessen in der Forderung des unmittelbaren Anschlusses der quantentheoretischen Beschreibung an die gewöhnliche Beschreibungsweise in dem Grenzgebiet gefunden, in dem wir vom Wirkungsquantum absehen können. Die Bestrebungen innerhalb der Quantentheorie, jeden klassischen Begriff in einer Umdeutung zu verwenden, die, ohne mit dem Postulat von der Unteilbarkeit des Wirkungsquantums in Widerspruch zu stehen, dieser Forderung entgegenkommt, fanden einen Ausdruck in dem sog. Korrespondenzprinzip. Die Durchführung einer strengen korrespondenzmäßigen Beschreibung hat jedoch die Überwindung vieler Schwierigkeiten verlangt, und es ist erst in den letzten Jahren gelungen, eine in sich geschlossene Quantenmechanik zu entwickeln, die als eine naturgemäße Verallgemeinerung der klassischen Mechanik aufgefaßt werden kann, und in welcher die zusammenhängende kausale Beschreibungsweise der klassischen Mechanik durch eine prinzipiell statistische Beschreibungsweise ersetzt wird.

Einen entscheidenden Schritt zur Erreichung dieses Zieles tat der junge deutsche Physiker WERNER HEISENBERG, welcher zeigte, wie die gewöhnlichen Bewegungsvorstellungen in folgerichtiger Weise durch eine formelle Benutzung der Bewegungsgesetze der klassischen Mechanik ersetzt werden können, wobei das Wirkungsquantum nur in gewissen Rechenregeln für die Symbole, welche die mechanischen Größen ersetzen, auftritt. Dieser sinnreiche Angriff auf das Problem der Quantentheorie stellt jedoch große Anforderungen an unser Abstraktionsvermögen, und die Erfindung neuer Hilfsmittel, welche trotz ihres formellen Charakters in höherem Grade unserer Forderung an Anschaulichkeit entgegenkommen, hat daher für die Entwicklung und Abklärung der Quantenmechanik eine unschätzbare Bedeutung gehabt. Ich denke an die von LOUIS DE BROGLIE eingeführten Vorstellungen der Materiewellen, die SCHRÖDINGER mit so großem Erfolg fruchtbar zu machen wußte, vor allem in Verbindung mit der Vorstellung der stationären Zustände, deren Quantenzahl als Anzahl von Knoten der stehenden Wellen, welche diese Zustände symbolisieren, gedeutet wird. DE BROGLIES Ausgangspunkt war die schon für die Entwicklung der klassischen Mechanik so wichtige Analogie zwischen den Gesetzen der Lichtausbreitung und der Bewegungen der materiellen Körper. In der Tat bildet die Wellenmechanik ein natürliches Gegenstück zu der obenerwähnten EINSTEINschen Lichtquantentheorie. Wie in dieser handelt es sich auch hier nicht um einen in sich abgeschlossenen Vorstellungskreis, sondern, wie namentlich BORN betont hat, um ein Hilfsmittel zur Formulierung der statistischen Gesetze, welche die Atomerscheinungen regeln. Allerdings ist die Bestätigung, welche die Vorstellung der Materiewellen durch die schönen Versuche über Reflexion von Elektronen an Metallkrystallen erhalten hat, ihrerseits ebenso entscheidend wie der experimentelle Nachweis der Wellennatur der Lichtausbreitung. Doch müssen wir bedenken, daß die Anwendung der Materiewellen sich auf diejenigen Erscheinungen beschränkt, in deren Beschreibung das Wirkungsquantum wesentlich eingeht, und die daher außerhalb des Gebietes liegen, wo von der Durchführung einer kausalen Beschreibung in Übereinstimmung mit unseren gewöhnlichen Anschauungsformen die Rede sein kann und wo wir Wörtern wie die Natur der Materie und des Lichtes eine Bedeutung im gewöhnlichen Sinne zuschreiben können.

Mit Hilfe der Quantenmechanik beherrschen wir ein ausgedehntes Erfahrungsgebiet; vor allem sind wir imstande, viele physikalische und chemische Eigenschaften der Elemente in Einzelheiten zu beschreiben. In der allerletzten Zeit ist es sogar möglich gewesen, eine Deutung des radioaktiven Zerfalls zu erhalten, wobei die empirischen Wahrscheinlichkeitsgesetze, die diese Prozesse regeln, als unmittelbare Folge der für die Quantentheorie eigentümlichen statistischen Behandlungsweise hervortreten. Diese Deutung ist ein besonders lehrreiches Beispiel sowohl für die Leistungsfähigkeit als für den formellen Charakter der Wellenvorstellungen. Einerseits haben wir es hier zu tun mit einer direkten Anknüpfung an die gewöhnlichen Bewegungsvorstellungen, da die Bahnen der von den Atomkernen ausgeschleuderten Teilchen wegen der großen Energie derselben direkt beobachtet werden können. Andererseits lassen die gewöhnlichen mechanischen Vorstellungen uns bei der Beschreibung des Zerfallsprozesses selber ganz im Stich, da das Kraftfeld, welches den Atomkern umgibt, nach diesen Vorstellungen die Teilchen verhindern würde, vom Kern wegzufliegen. Nach der Quantenmechanik ist die Sachlage indessen eine andere, indem das Kraftfeld wohl ein Hindernis ist, von welchem die Wellen zum größten Teil zurückgehalten werden, das aber doch einen kleinen Teil durchsickern läßt. Der Teil der Wellen, der in dieser Weise in einer gewissen Zeit ausfließt, gibt uns ein Maß für die Wahrscheinlichkeit, daß der Atomkern in dieser Zeit zerfällt. Die Schwierigkeit, ohne den erwähnten Vorbehalt von der Natur der Materie zu reden, dürfte kaum greller beleuchtet werden können.

Bei der Lichtquantenvorstellung besteht ein ähnliches Verhältnis zwischen unseren anschaulichen Hilfsmitteln und der Berechnung der Wahrscheinlichkeit für das Auftreten beobachtbarer Lichtwirkungen. In Übereinstimmung mit den klassischen elektromagnetischen Vorstellungen können wir jedoch dem Licht keine eigentliche materielle Natur zuschreiben, da die Beobachtung der Lichtwirkungen immer auf einer Übertragung von Energie und Impuls auf die materiellen Teilchen beruht. Der greifbare Inhalt der Lichtquantenvorstellung beschränkt sich vielmehr darauf, daß sie uns hilft, der Erhaltung von Energie und Impuls Rechnung zu tragen. Es ist überhaupt einer der eigentümlichsten Züge der Quantenmechanik, daß es trotz der Begrenzung der klassischen mechanischen und elektromagnetischen Vorstellungen möglich ist, die Erhaltungssätze der Energie und des Impulses aufrechtzuerhalten. Diese Sätze bilden in gewisser Hinsicht ein Gegenstück zu der der Atomtheorie zugrunde liegenden Annahme von der Beständigkeit der materiellen Teilchen, welche trotz dem Verzicht auf Bewegungsvorstellungen in der Quantentheorie streng aufrechterhalten wird.

Ebenso wie die klassische Mechanik beansprucht die Quantenmechanik eine erschöpfende Beschreibung aller Erscheinungen zu geben, welche innerhalb ihres Anwendungsgebietes liegen. In der Tat folgt die Notwendigkeit einer prinzipiell statistischen Beschreibungsweise für die Atomerscheinungen aus einer näheren Untersuchung der Auskunft, welche wir uns durch direkte Messungen von diesen Erscheinungen verschaffen können, und des Sinnes, den wir in diesem Zusammenhang den physikalischen Grundbegriffen zuschreiben können. Einerseits müssen wir bedenken, daß die Bedeutung dieser Begriffe ganz und gar mit den gewöhnlichen physikalischen Vorstellungen verknüpft sind. So hat z. B. jeder Hinweis auf Raum-Zeit-Verhältnisse die Beständigkeit der Elementarteilchen als Voraussetzung, ebenso wie die Erhaltungssätze von Energie und Impuls die Grundlage jeder Anwendung des Energie- und Impulsbegriffes bilden. Andererseits bedeutet das Postulat von der Unteilbarkeit des Wirkungsquantums ein für die klassischen Vorstellungen völlig fremdes Element, das bei Messungen nicht nur eine endliche Wechselwirkung zwischen Gegenstand und Meßmittel, sondern sogar einen gewissen Spielraum in unserer Rechenschaft mit dieser Wechselwirkung verlangt. Auf Grund dieser Sachlage fordert jede Messung, die eine Einordnung der Elementarteilchen in Zeit und Raum bezweckt, einen Verzicht hinsichtlich unserer Kenntnis von Energie- und Impulsaustausch zwischen den Teilchen und den als Bezugsystem benutzten Maßstäben und Uhren. Gleichfalls fordert jede Bestimmung der Energie und des Impulses der Teilchen, daß man auf ihre genaue Verfolgung in Raum und Zeit verzichtet. In beiden Fällen ist also die durch das Wesen der Messung geforderte Benutzung klassischer Begriffe von vornherein gleichbedeutend mit einem Verzicht auf eine streng kausale Beschreibung. Solche Betrachtungen führen unmittelbar auf die von HEISENBERG aufgestellten Unbestimmtheitsrelationen, die er einer eingehenden Untersuchung der Widerspruchsfreiheit der Quantenmechanik zugrunde gelegt hat. Die prinzipielle Unbestimmtheit, der wir hier begegnen, ist, wie der Vortragende gezeigt hat, ein direkter Ausdruck für die absolute Begrenzung der Anwendbarkeit unserer anschaulichen Vorstellungen bei der Beschreibung der Atomerscheinungen, die in dem scheinbaren Dilemma, dem wir bei der Frage nach der Natur des Lichtes und der Materie gegenübergestellt werden, hervortritt.

Dieser Verzicht auf Anschaulichkeit und Kausalität, zu dem wir bei der Beschreibung der Atomerscheinungen gezwungen sind, könnte vielleicht als eine Enttäuschung der Hoffnungen, die den Ausgangspunkt der Atomvorstellungen bildeten, aufgefaßt werden. Nichtsdestoweniger müssen wir aber vom jetzigen Standpunkt der Atomtheorie diesen Verzicht selbst als einen wesentlichen Fortschritt unserer Erkenntnis begrüßen. Es handelt sich ja nicht um ein Versagen der allgemeinen Grundprinzipien der Naturwissenschaft innerhalb des Gebietes, in dem wir mit Recht ihre Stütze erwarten können. Die Entdeckung des Wirkungsquantums zeigt uns nämlich nicht nur die natürliche Begrenzung der klassischen Physik, sondern sie bringt die Naturwissenschaft in eine ganz neue Lage, indem die alte philosophische Frage nach der objektiven Existenz der Erscheinungen unabhängig von unseren Beobachtungen, in neue Beleuchtung gestellt wird. Wie wir gesehen haben, fordert jede Beobachtung einen Eingriff in den Verlauf der Erscheinungen, der seinem Wesen nach der kausalen Beschreibungsweise die Grundlage entzieht. Die Grenze der Möglichkeit, von selbständigen Erscheinungen zu reden, die uns die Natur selber in dieser Weise gesetzt hat, findet allem Anschein nach eben ihren Ausdruck in der Formulierung der Quantenmechanik. Dies darf jedoch nicht als ein Hindernis für den weiteren Fortschritt aufgefaßt werden; wir müssen nur auf die Notwendigkeit einer immer weitergehenden Abstraktion von unseren gewohnten Forderungen an die unmittelbare Anschaulichkeit der Naturbeschreibung vorbereitet sein. Neue Überraschungen können wir wohl vor allem auf dem Gebiete erwarten, wo die Quantentheorie mit der Relativitätstheorie zusammentrifft, und wo noch ungelöste Schwierigkeiten der vollständigen Zusammenschmelzung der Erweiterungen unserer Erkenntnis und unserer Hilfsmittel zur Beschreibung der Naturerscheinungen, welche diese Theorien gebracht haben, im Wege stehen.

Ist es auch erst am Schluß des Vortrages, so bin ich doch froh, Gelegenheit zu haben, die große Bedeutung der von EINSTEIN geschaffenen Relativitätstheorie für die neuere Entwicklung der Physik hinsichtlich unserer Freimachung von der Anschaulichkeitsforderung zu betonen. Von der Relativitätstheorie haben wir gelernt, daß die Zweckmäßigkeit der scharfen, von unseren Sinnen geforderten Trennung von Raum und Zeit, nur darauf beruht, daß die gewöhnlich auftretenden Geschwindigkeiten klein sind im Verhältnis zur Geschwindigkeit des Lichtes. Ebenso können wir sagen, hat PLANCKs Entdeckung zu der Erkenntnis geführt, daß die Zweckmäßigkeit unserer durch die

Kausalitätsforderung gekennzeichneten Einstellung bedingt ist durch die Kleinheit des Wirkungsquantums im Verhältnis zu den Wirkungen, mit denen wir es bei den gewöhnlichen Erscheinungen zu tun haben. Während wir in der Relativitätstheorie an den subjektiven, vom Standpunkt des Beobachters wesentlich abhängigen Charakter aller physikalischen Erscheinungen erinnert werden, zwingt uns die von der Quantentheorie klargelegte Zusammenkettung der Atomerscheinungen und ihrer Beobachtung bei der Anwendung unserer Ausdrucksmittel, eine ähnliche Vorsicht zu üben wie bei psychologischen Problemen, wo uns fortwährend die Schwierigkeit einer Abgrenzung des objektiven Inhalts entgegentritt. Ohne Gefahr, dahin mißverstanden zu werden, daß es die Absicht sei, eine Mystik einzuführen, die mit dem Geist der Naturwissenschaft unvereinbar ist, darf ich vielleicht hier auf die eigentümliche Parallelität hinweisen, welche zwischen der erneuten Diskussion über die Gültigkeit des Kausalitätsgesetzes und den seit den ältesten Zeiten fortdauernden Diskussionen über die Freiheit des Willens besteht. Während die Willensfreiheit die Erlebnisform der Subjektivität darstellt, ist die Kausalität die Anschauungsform für die Einordnung der Sinneswahrnehmungen. Gleichzeitig handelt es sich aber auf beiden Gebieten um Idealisationen, deren natürliche Begrenzung näher untersucht werden kann, und die einander in dem Sinne bedingen, daß Willensgefühl und Kausalitätsforderung gleich unentbehrlich sind in dem Verhältnis zwischen Subjekt und Objekt, das den Kern des Erkenntnisproblems bildet.

Bevor ich schließe, ist es in einer solchen gemeinschaftlichen Versammlung von Naturforschern naheliegend, die Frage zu berühren, was die beschriebene neueste Entwicklung unserer Kenntnis der Atomphänomene uns über die Probleme der lebenden Organismen lehren kann. Obgleich es wohl noch nicht möglich ist, diese Frage eingehend zu beantworten, dürfte man doch einen gewissen Zusammenhang zwischen diesen Problemen und dem Vorstellungskreis der Quantentheorie erblicken. Einen ersten Hinweis in dieser Richtung sehen wir darin, daß die den Sinnesempfindungen zugrunde liegende Wechselwirkung zwischen den Organismen und der Umwelt jedenfalls unter Umständen so gering werden kann, daß wir uns der Größenordnung des Wirkungsquantums nähern. Wie oft bemerkt worden ist, genügen schon wenige Lichtquanten, um Gesichtseindrücke hervorzubringen. Wir sehen also, daß der Bedarf der Organismen an Selbständigkeit und Empfindlichkeit hier bis zu der äußersten mit den Naturgesetzen vereinbarten Grenze befriedigt ist, und wir müssen darauf vorbereitet sein, ähnlichen Verhältnissen an anderen für die biologische Problemstellung entscheidenden Punkten zu begegnen. Zeigen aber die betreffenden physiologischen Erscheinungen eine bis zu der erwähnten Grenze entwickelte Verfeinerung, so bedeutet das ja, daß wir uns zugleich der

Grenze einer eindeutigen Beschreibung mit Hilfe unserer gewöhnlichen anschaulichen Vorstellungen nähern. Dies steht keineswegs mit der Tatsache in Widerspruch, daß die lebenden Organismen uns in ausgedehntem Maße Probleme stellen, die innerhalb der Reichweite unserer Anschauungsformen stehen, und ein fruchtbares Anwendungsgebiet physikalischer und chemischer Gesichtspunkte gewesen sind. Wir sehen auch keine unmittelbare Grenze für die Anwendbarkeit dieser Gesichtspunkte. Ebenso, wie wir nicht im Prinzip zwischen der Strömung in einer Wasserleitung und der Strömung des Blutes in den Adern zu scheiden brauchen, dürfen wir auch nicht von vornherein einen tieferen prinzipiellen Unterschied zwischen der Fortpflanzung der Sinneseindrücke in den Nerven und der Elektrizitätsleitung in einem Metalldraht erwarten. Allerdings gilt es für alle solche Probleme, daß eine ins einzelne gehende Beschreibung in das Gebiet der Atomtheorie hineinführt; ja, was die Elektrizitätsleitung betrifft, hat man gerade in den letzten Jahren erkannt, daß erst die für die Quantentheorie eigentümliche Begrenzung unserer anschaulichen Bewegungsvorstellungen zu begreifen erlaubt, wie die Elektronen imstande sind, sich zwischen den Atomen des Metalles durchzubewegen. Eine solche vertiefte Beschreibungsweise ist bei diesen Erscheinungen jedoch nicht notwendig, wenn es sich nur darum handelt, den am nächsten in Betracht kommenden Wirkungen Rechnung zu tragen. Bei den tieferen biologischen Problemen, wo es sich um die Freiheit und das Anpassungsvermögen der Organismen in ihrer Reaktion äußeren Einwirkungen gegenüber handelt, müssen wir jedoch damit rechnen, daß die Erkenntnis eines weiteren Zusammenhanges es notwendig machen wird, auf die Verhältnisse, welche die Begrenzung der kausalen Beschreibung der Atomerscheinungen bedingen, Rücksicht zu nehmen. Übrigens müssen wir wohl schon wegen der Tatsache, daß Bewußtsein, so wie wir es kennen, untrennbar mit lebenden Organismen verknüpft ist, darauf gefaßt sein, daß das Problem der Scheidung zwischen Belebtem und Unbelebtem sich einem Verständnis im gewöhnlichen Sinne des Wortes entziehen kann. Vielleicht mag als Entschuldigung dafür, daß ein Physiker solche Fragen berührt, der Umstand dienen, daß die in der Physik vorliegende neue Situation uns so eindringlich an die alte Wahrheit erinnert hat, daß wir sowohl Zuschauer als Teilnehmer in dem großen Schauspiel des Daseins sind.

VERLAG VON JULIUS SPRINGER / BERLIN

Raum — Zeit — Materie. Vorlesungen über allgemeine Relativitätstheorie. Von Dr. **Hermann Weyl**, Professor der Mathematik an der Eidgen. Technischen Hochschule Zürich. Fünfte, umgearbeitete Auflage. Mit 23 Textfiguren. VIII, 338 Seiten. 1923. RM 10.—

Das Atom und die Bohrsche Theorie seines Baues. Gemeinverständlich dargestellt von H. A. **Kramers**, Dozent am Institut für Theoretische Physik der Universität Kopenhagen, und **Helge Holst**, Bibliothekar an der Königlichen Technischen Hochschule Kopenhagen. Deutsch von F. **Arndt**, Professor an der Universität Breslau. Mit 35 Abbildungen, 1 Bildnis und einer farbigen Tafel. VII, 192 Seiten. 1925. RM 7.50; gebunden RM 8.70

Probleme der Atomdynamik. Erster Teil: **Die Struktur des Atoms.** Zweiter Teil: **Die Gittertheorie des festen Zustandes.** Dreißig Vorlesungen, gehalten im Wintersemester 1925/26 am Massachusetts Institute of Technology. Von **Max Born**, Professor der Theoretischen Physik an der Universität Göttingen. Mit 42 Abbildungen und einer Tafel. VIII, 184 Seiten. 1926. RM 10.50

Vorlesungen über Atommechanik. Von Dr. **Max Born**, Professor an der Universität Göttingen. Herausgegeben unter Mitwirkung von Dr. **Friedrich Hund**, Assistent am Physikalischen Institut Göttingen.
Erster Band: Mit 43 Abbildungen. IX, 358 Seiten. 1925.
RM 15.—; gebunden RM 16.50
Zweiter Band: **Elementare Quantenmechanik.** Von Dr. **Max Born**, Professor an der Universität Göttingen, und Dr. **Pascual Jordan**, Professor an der Universität Rostock. XI, 434 Seiten. 1930.
RM 28.—; gebunden RM 29.80
(Band II und IX der Sammlung „Struktur der Materie in Einzeldarstellungen".)

Anregung von Quantensprüngen durch Stöße. Von Dr. J. **Franck**, Professor an der Universität Göttingen, und Dr. **Pascual Jordan**, Professor an der Universität Rostock. (Struktur der Materie in Einzeldarstellungen", Bd. III.) Mit 51 Abbildungen. VIII, 312 Seiten. 1926. RM 19.50; gebunden RM 21.—

Einführung in die Wellenmechanik. Von Dr. J. **Frenkel**, Professor für Theoretische Physik am Polytechnischen Institut in Leningrad. Mit 10 Abbildungen. VIII, 317 Seiten. 1929. RM 26.—; gebunden RM 27.60

Vier Vorlesungen über Wellenmechanik. Von E. **Schrödinger**, ord. Professor der Theoretischen Physik an der Universität Berlin. Gehalten an der Royal Institution in London im März 1928. Übersetzt von Dr. **Hans Kopfermann**. Mit 3 Abbildungen. V, 57 Seiten. 1928. RM 3.90

VERLAG VON JULIUS SPRINGER / BERLIN

Aus dem

Handbuch der Physik

Herausgegeben von

H. Geiger und Karl Scheel

Bd. XXII: **Elektronen. Atome. Moleküle.** Redigiert von H. Geiger. Mit 148 Abbildungen. VIII, 568 Seiten. 1926.   Gebunden RM 44.70

Inhaltsübersicht:

Elektronen. Von W. Gerlach, Tübingen. — Atomkerne: Kernladung. Kernmasse. Von K. Philipp, Berlin-Dahlem. — Das α-Teilchen als Heliumkern. Von O. Hahn, Berlin-Dahlem. — Kernstruktur. Von L. Meitner, Berlin-Dahlem. — Atomzertrümmerung. Von H. Pettersson, Göteborg, und G. Kirsch, Wien. — Radioaktivität: Der radioaktive Zerfall. Von W. Bothe, Charlottenburg. — Die radioaktiven Stoffe. Von St. Meyer, Wien. — Die Bedeutung der Radioaktivität für chemische Untersuchungsmethoden. Die Bedeutung der Radioaktivität für die Geschichte der Erde. Von O. Hahn, Berlin-Dahlem. — Die Ionen in Gasen. Von K. Przibram, Wien. — Größe und Bau der Moleküle. Von K. F. Herzfeld, München, und H. G. Grimm, Würzburg. — Das natürliche System der chemischen Elemente. Von F. Paneth, Berlin.

Bd. XXIII: **Quanten.** Redigiert von H. Geiger. Mit 225 Abbildungen. X, 782 Seiten. 1926.   RM 57.—; gebunden RM 59.70

Inhaltsübersicht:

Quantentheorie. Von W. Pauli, Hamburg. — Die Methoden zur h-Bestimmung und ihre Ergebnisse. Von R. Ladenburg, Berlin-Dahlem. — Absorption und Zerstreuung von Röntgenstrahlen. Von W. Bothe, Charlottenburg. — Das kontinuierliche Röntgenspektrum. Von H. Kulenkampff, München. — Anregung von Emission durch Einstrahlung. Von P. Pringsheim, Berlin. — Photochemie. Von W. Noddack, Charlottenburg. — Anregung von Quantensprüngen durch Stöße. (Mit Ausschluß der Erscheinungen an Korpuskularstrahlen hoher Geschwindigkeit.) Von J. Franck und P. Jordan, Göttingen.

Bd. XXIV: **Negative und positive Strahlen. Zusammenhängende Materie.** Redigiert von H. Geiger. Mit 374 Abbildungen. XI, 604 Seiten. 1927.   RM 49.50; gebunden RM 51.60

Inhaltsübersicht:

Durchgang von Elektronen durch Materie. Von W. Bothe, Charlottenburg. — Durchgang von Kanalstrahlen durch Materie. Von E. Rüchardt, München, und H. Baerwald, Darmstadt. — Durchgang von α-Strahlen durch Materie. Von H. Geiger, Kiel. — Der Aufbau der festen Materie und seine Erforschung durch Röntgenstrahlen. Von P. P. Ewald, Stuttgart. — Der Aufbau der festen Materie. Theoretische Grundlagen. Von M. Born und O. F. Bollnow, Göttingen. — Atombau und Chemie (Atomchemie). Von H. G. Grimm, Würzburg.

MIX
Papier aus verantwortungsvollen Quellen
Paper from responsible sources
FSC® C105338

If you have any concerns about our products,
you can contact us on
ProductSafety@springernature.com

In case Publisher is established outside the EU,
the EU authorized representative is:
**Springer Nature Customer Service Center GmbH
Europaplatz 3, 69115 Heidelberg, Germany**

Printed by Libri Plureos GmbH
in Hamburg, Germany